鲜咸香辣下饭菜

夏金龙◎主编

吉林科学技术出版社

Author
作者简介

夏金龙 中国烹饪大师，中国餐饮文化名师，国家高级烹饪技师，中国十大最有发展潜力的青年厨师，全国餐饮业国家级评委，法国国际美食会大中华区荣誉主席，吉林省吉菜研究专业委员会会长，2009年被中国国际交流促进会授予"中国烹坛领军人物奖"和"餐饮业卓越管理奖"称号。2010年8月22日由中国烹饪协会名厨专业委员派遣并代表中国名厨参加世界各国现任"总统御厨第33届年会"。曾编著烹饪书籍《中国新吉菜》《CCTV天天饮食系列》《家常面点》《快手套餐系列》《中国味道系列》《蘑菇主厨系列》《好学易做1000样系列》《57道有滋有味汤系列》《炒饭盖饭》《健康饮品》《大厨拿手家常菜系列》等图书80余种。

主 编	夏金龙					
编 委	高树亮	刘启镇	刘 伟	韩光绪	曲晓明	曹清春	郭建武
	贾艳华	李 野	李国安	刘 刚	刘云峰	张艳峰	于艳庆
	姜喜丰	班兆金	李成国	孙学富	金凤菊	刘占龙	李 娜
	张明亮	蒋志进	张 杰	刘凤义	刘志刚	郎树义	

★前言★

所谓家常菜，就是家庭日常制作、食用的各式菜肴。"一方水土养活一方人"，家常菜因地理位置、地方物产、生活习惯和饮食爱好的不同，形成了东南西北中各自不同的风味。但无论是哪一种风味，经过家人精心烹调的家常菜，不仅能够感受到家的温馨，也会散发出幸福的味道。

《鲜咸香辣下饭菜》在菜品的选取上遵循原料取材容易、操作简便易行、营养合理搭配的原则，每道菜肴均配以精美的成品图片，对于一些重点的菜肴，还对制作过程配以多幅彩图加以步步详解，可以使读者能够抓住重点，快速掌握，烹调出色香味形俱佳且营养健康的家常美食，达到一学就会的实用目的。

民以食为天，解决温饱之后，我们更加注重每餐的营养，而家常菜无疑是最佳的选择。它既保证了健康，又兼顾了多样，更饱含了浓浓的温情，使人们无论从身体上还是心理上都感受着舒心和满足。

愿本书能够成为您家庭生活饮食方面的好助手、好参谋，让您在掌握制作各种家庭健康美味菜肴的同时，还能够轻轻松松地享受烹饪带来的快乐。

CONTENTS
目录

鲜咸香辣
下饭菜

Part 2 15分钟快手菜肴

Part 3　20分钟巧手菜品

Part 4 25分钟拿手好菜

Part 5　30分钟大菜上桌

Part 1

10分钟
迅捷小菜

鲜咸香辣
下饭菜

001 红油猪肚片

★ ★ 难度

原料 ingredients

猪肚	500克
青笋	100克
芝麻	25克

调料 condiments

葱丝	20克
精盐	少许
味精	少许
花椒油	少许
料酒	少许
香油	少许
鸡精	1/2小匙
白糖	1/2小匙
生抽	2大匙
辣椒油	5小匙

制作步骤 method

① 青笋去根，去皮，洗净，先顺长切成长条，再切成片。

② 放入加有少许精盐的沸水中焯烫一下，捞出沥去水分。

③ 锅置火上烧热，放入芝麻用小火煸炒出香味，出锅晾凉。

④ 猪肚洗涤整理干净，放入沸水中焯烫一下，捞出洗净。

⑤ 锅中加水烧沸，放入猪肚煮熟，捞出晾凉，切成抹刀片。

⑥ 锅置火上烧热，放入香油烧至八成热，下入葱丝炒出香味，盛入碗中，加入白糖、料酒、生抽、味精、鸡精调匀成味汁。

⑦ 猪肚片、青笋片放在容器内，加上味汁拌匀，腌渍入味，码放在盘内，淋上辣椒油、花椒油，撒上熟芝麻拌匀即可。

002 豆腐干拌贡菜

原料 豆腐干200克，贡菜100克，红椒丝50克。

调料 干辣椒末30克，葱丝、姜丝各10克，精盐、胡椒粉、香油各1/2小匙。

制作步骤 method

① 贡菜泡发，洗净，成切段，放沸水中焯烫一下，捞出过凉；豆腐干切丝，焯烫一下，捞出。

② 锅中加入香油烧热，下入姜丝炒香，再放入干辣椒末炸香，倒入碗中。

③ 贡菜段、豆腐干丝、红椒丝放入碗中，加入葱丝、精盐、胡椒粉、辣椒油拌匀，装盘即可。

003 肉丝拌青椒

原料 青椒丝300克，猪瘦肉丝100克。

调料 蒜末10克，芝麻酱、香油、醋、白糖、味精、料酒各1小匙，精盐1/2大匙，水淀粉4小匙，芥末糊适量。

制作步骤 method

① 青椒洗净，放入加有精盐的沸水中焯烫，捞出；猪瘦肉放入碗中，加入料酒、水淀粉，拌匀，再下入沸水中焯约5分钟，捞出，晾凉。

② 猪肉丝、青椒丝中加入蒜末拌匀，装入盘中。

③ 芥末糊内加入芝麻酱、香油、醋、白糖、精盐、味精，调匀成味汁，浇在盘内即可。

004 香炒青笋条

原料 青笋500克，水发木耳50克，红辣椒3根。

调料 葱段50克，姜片、蒜片各少许，精盐、水淀粉各2/5小匙，高汤5小匙，植物油75克。

制作步骤 method

① 将青笋除去老皮和根部，洗净，切成条，加入少许精盐腌渍2分钟，取出沥干水分；葱段、红辣椒均切成马耳朵状。

② 炒锅置旺火上，加入植物油烧至八成热，下入葱、姜、蒜、红辣椒煸炒，再加入精盐、青笋条炒匀，然后添入高汤，放入木耳，用水淀粉勾薄芡，起锅装盘即成。

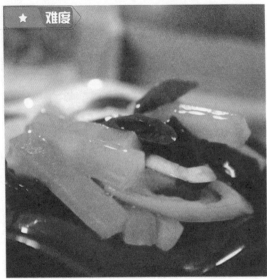

005 五彩鱼皮

原料 三文鱼皮200克，冬笋丝、红椒丝各50克，绿豆芽、黄瓜各25克。

调料 精盐、味精、香油、花椒油各适量。

制作步骤 method

① 将三文鱼皮洗净，淘洗干净，放入沸腾的鲜汤中汆熟，捞出晾凉，切成细丝。

② 冬笋、红椒、豆芽分别用沸水焯至断生，捞出；黄瓜洗净，切成丝，加入精盐浸渍，挤去水分。

③ 盆中加入精盐、味精、香油、花椒油调匀，再放入三文鱼皮丝、冬笋丝、红椒丝、绿豆芽、黄瓜丝拌匀，装盘即成。

006 拌墨斗鱼

原料 墨斗鱼800克，红椒20克，香菜少许。

调料 葱段20克，海鲜酱油、葱油各1小匙，味精、美极鲜酱油、白醋、辣根各少许。

制作步骤 method

① 墨斗鱼撕掉表皮，洗涤整理干净，放入沸水锅中焯煮至断生，捞出晾凉，沥干。

② 红椒去蒂及籽，洗净，切成片；香菜择洗干净，切成段。

③ 将墨斗鱼放入碗中，加入海鲜酱油、味精、美极鲜酱油、白醋、辣根、葱油调拌均匀，装盘上桌即可。

007 大蒜菠菜拌蛤仁

原料 活蛤蜊750克，蒜泥300克，菠菜250克。

调料 姜末、精盐、味精、米醋、香油各适量。

制作步骤 method

① 蛤蜊洗净，放入沸水锅中煮至开口，捞出晾凉，剥出蛤仁，用原汤洗净。

② 菠菜洗净，下入沸水锅中焯烫透，捞出冲凉，切成2厘米长的段。

③ 菠菜放入碗中，先加入精盐、味精、米醋、蒜泥拌匀，再将菠菜放入盘中央垫底。

④ 蛤仁放入碗中，加入少许味精、姜末、香油拌匀，放在菠菜上即可。

008 蒜椒拌三丝

★ 难度

原料 猪肉皮150克，青笋、香干各50克。

调料 精盐、鸡精、白糖、花椒粉、蒜椒汁、酱油各1小匙，米醋适量，植物油2大匙。

制作步骤 method

① 猪肉皮去毛，洗净，放入沸水锅中煮熟，捞出晾凉后，切成细丝，放入盆中；青笋、香干分别洗涤整理干净，均切成细丝。

② 锅中加入适量清水烧沸，分别下入青笋丝和香干丝焯透，沥水后放入盛有肉皮丝的盆中。

③ 再将蒜椒汁加入精盐、酱油、米醋、鸡精、花椒粉调匀，淋在三丝上，调拌均匀即可。

009 肉丝拌苦苣

原料 苦苣200克，猪瘦肉150克。

调料 花椒、精盐、味精、酱油、香油、植物油各适量。

制作步骤 method

① 苦苣去根，取嫩苦苣叶，洗净，切成段。

② 放入碗中，加上少许精盐拌匀稍腌，再用清水洗净、沥水。

③ 锅置火上烧热，放入花椒干炒至熟，取出用擀面杖压成粉。

④ 猪瘦肉洗净，沥去水分，放在案板上，先片成薄片，再切成5厘米的长丝。

⑤ 净锅置火上烧热，加油烧热，放入猪肉丝炒出水分，加入少许酱油炒熟，盛出晾凉。

⑥ 苦苣段、猪肉丝放入容器内，加入精盐、味精、酱油拌匀，码放在盘内，撒上炒好的花椒粉，淋上香油即成。

★★★ 难度

★ 难度

010 韭黄拌腰丝

原料 猪腰250克，韭黄150克，甜椒50克。

调料 酱油1大匙，精盐1/2小匙，白糖、鸡精各少许，辣椒油2小匙，香油1小匙。

制作步骤 method

① 猪腰洗净，剖成两半，去尽腰臊，先片成薄片，再切成细丝，放入沸水锅焯烫至熟嫩，捞出用凉开水浸透，沥净水分。

② 韭黄切成4厘米长的段；甜椒洗净，切成丝，全部放在容器内。

③ 再加上腰丝、酱油、精盐、白糖、辣椒油、鸡精、香油调拌均匀，装盘上桌即可。

中溢出浓郁的花椒香味，出锅，倒入小碗中，再加入红辣椒末、青辣椒末、精盐适量、味精3克，尝好咸淡，调成味汁。

③ 锅里放入清水500克烧开，加入精盐少许（约1克），下入甘蓝丝，用大火烧开，焯约半分钟，焯透后立即捞出，沥去水。

④ 把甘蓝丝放入盘中，趁热浇入调好的味汁，撒上香菜末，即成。

011 怪味甘蓝

原料 甘蓝350克。

调料 红辣椒、青辣椒各20克，花椒10粒，香菜末5克，香油5克。

制作步骤 method

① 把甘蓝洗净，沥去水，切成细丝；红辣椒、青辣椒均去蒂及籽，洗净，切成细粒（要用刀切碎，不要剁）；花椒洗净，放在案板上，用刀拍碎，再剁成细末。

② 把锅里放入香油烧热（油温不要高，温热即可，约100℃），下入花椒末，用小火煸炒至锅

★★★ 难度

012 双花拌萝卜

★ 难度

原料 ingredients

西蓝花·················1/2个
菜花····················1/2个
胡萝卜·················1/2个

调料 condiments

瓜子仁···············1/2小匙
黑芝麻···············1/2小匙
精盐····················1/2小匙
鸡精····················少许
辣椒油···············少许
植物油···············3大匙

制作步骤 method

① 将菜花和西蓝花分别洗净，各切小朵；胡萝卜切圆片。

② 锅中加水烧开，放入菜花、西蓝花、胡萝卜片煮熟，捞出冲凉沥干。

③ 将胡萝卜片和双花加入调料拌匀，撒上瓜子仁、芝麻拌匀即可。

013 芹菜炝肚丝

原料 熟羊肚350克，芹菜50克。

调料 姜末10克，精盐、米醋各2大匙，味精、白糖、辣椒油各1大匙，花椒油1小匙。

制作步骤 method

① 熟羊肚切成均匀的丝；芹菜择去根、叶，洗净，沥水，切成3厘米长的段。

② 锅中加水烧开，下入羊肚丝、芹菜段，加入精盐、米醋烧开，焯约3分钟捞出，沥去水。

③ 把羊肚丝、芹菜段趁热放入大碗中，加入花椒油、姜末、精盐、味精、白糖、米醋，淋入辣椒油，拌匀即可。

014 酸辣毛肚

原料 牛百叶300克。

调料 精盐、味精各1/2小匙，米醋、香油各2小匙，辣椒油2大匙。

制作步骤 method

① 将牛百叶反复搓洗干净，切成大片，再放入沸水锅中焯烫一下，待略微卷缩后，快速捞入凉开水中浸凉，沥干后装盘。

② 将精盐、米醋、味精、辣椒油、香油放入小碗中调拌均匀，制成酸辣味汁，浇在牛百叶上，拌匀即可食用。

015 酸辣鸡蛋汤

原料 鸡蛋2个，红辣椒、香菜各15克。

调料 精盐、酱油各2小匙，米醋、水淀粉、香油各1小匙，清汤适量。

制作步骤 method

① 将鸡蛋磕入大碗中搅拌均匀成鸡蛋液；香菜去根和老叶，洗净，切成小段；红辣椒洗净，去蒂及籽，一切两半。

② 锅置火上，加入适量清汤，放入红辣椒、精盐、米醋、酱油烧沸，撇去表面浮沫。

③ 用水淀粉勾薄芡，再淋入鸡蛋液汆烫至定浆，起锅盛入汤碗中，然后撒上香菜段，淋入香油即可。

016 川辣土豆丝

原料 土豆400克，干辣椒15克。

调料 葱丝15克，精盐1小匙，郫县豆瓣1大匙，味精少许，鲜汤、植物油各适量。

制作步骤 method

① 土豆洗净，削去外皮，切成长短一致的细丝，放入清水中漂净，烹制前捞出，沥水；干辣椒去蒂，去籽，洗净，切成丝；郫县豆瓣剁细。

② 锅置火上，放入植物油烧至六成热，下入郫县豆瓣炒香至油呈红色。

③ 下入辣椒丝、土豆丝炒散，加上葱丝、精盐、味精，烹入鲜汤炒匀，出锅装盘即成。

★★★ 难度

★ 难度

017 红油萝卜丝

原料 白萝卜400克。

调料 蒜片10克，大葱15克，精盐1小匙，味精、白糖各1/2小匙，辣椒油2小匙。

制作步骤 method

① 白萝卜切去头、根须，洗净，削去外皮，切成均匀的细丝；大葱洗净，切成细丝。

② 把萝卜丝放入大瓷碗内，加入精盐拌匀，腌约5分钟，再浤去水。

③ 在装有萝卜丝的大瓷碗内加入蒜片、葱丝、味精、白糖，淋入辣椒油，拌匀即可。

018 香芹拌豆腐干

原料 豆腐干150克，芹菜60克，甜椒30克。

调料 精盐、味精各1/2小匙，酱油1小匙，香油2大匙。

制作步骤 method

① 将芹菜择洗干净，放入沸水锅中焯烫一下，捞出浸凉，切成3厘米长的段。

② 甜椒洗净，去蒂及籽，切成粗丝，再放入沸水锅中略焯一下，捞出过凉；豆腐干洗净，切成细丝。

③ 将芹菜段、豆腐干丝、甜椒丝放入盆中，加入精盐、味精、酱油、香油拌匀，即可装盘上桌。

★ 难度

019 干煸香菇扁豆

★★★ 难度

原料 ingredients

扁豆·······················250克
香菇·······················10片
五花肉·····················100克

调料 condiments

榨菜·······················20克
精盐······················1/2小匙
白糖······················1/2小匙
酱油······················1/2小匙
干辣椒·····················10克
大蒜·······················10克
豆豉酱·····················适量
植物油·····················2大匙

制作步骤 method

① 将香菇切条；扁豆择洗净；五花肉切成肉粒；榨菜切粒；蒜切片。

② 坐锅点火，放入五花肉炒出香味，放入干辣椒、榨菜、大蒜片、扁豆、香菇煸炒，将五花肉、扁豆炒透。

③ 最后下豆豉酱、精盐、白糖炒至干松即可装盘上桌。

020 芹菜拌腐竹

原料 水发腐竹300克, 芹菜50克。

调料 姜末5克, 精盐、味精各1小匙, 辣椒油、香油各1大匙。

制作步骤 method

① 腐竹洗净, 切成3厘米长的段, 再放入沸水锅中焯煮3分钟, 捞出过凉, 挤干水分。

② 芹菜择洗干净, 切成3厘米长的段。

③ 将腐竹段放入大碗中, 加入姜末、精盐、味精、辣椒油、香油调拌均匀, 再放入芹菜段拌匀即可。

021 麻辣白菜

原料 大白菜750克。

调料 干辣椒10克, 花椒25粒, 精盐、味精各1大匙, 料酒、酱油各2大匙, 植物油100克。

制作步骤 method

① 将大白菜去根, 洗净, 掰成大块; 干辣椒洗净, 切成小段。

② 坐锅点火, 加油烧热, 先放入花椒粒略炒几下, 再下入干辣椒炒至变色, 然后加入白菜块、精盐翻炒均匀, 再放入料酒、酱油、味精炒至入味, 即可出锅装盘。

022 香葱拌蚬子

原料 净蚬子肉500克, 香葱100克, 红辣椒15克。

调料 蒜泥少许, 精盐、鸡精各1/2小匙, 米醋、香油各1小匙。

制作步骤 method

① 蚬子肉择去杂质, 留下蚬尖, 冲洗干净, 再放入沸水中焯烫一下, 捞出冲凉, 挤干水分。

② 香葱择洗干净, 切成小段; 辣椒洗净、切丝。

③ 将葱段、辣椒丝、蚬子尖放入容器中, 加入精盐、鸡精、米醋、蒜泥、香油拌匀至入味, 即可装盘。

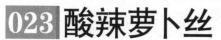

023 酸辣萝卜丝

原料 白萝卜300克，香菜15克。

调料 姜10克，青蒜25克，精盐少许，白糖2小匙，味精、香油各1小匙，酱油1大匙，米醋4小匙，辣椒油2大匙。

制作步骤 method

① 将萝卜洗净，去皮，切成丝，加入少许精盐拌匀腌5分钟，再挤干水分。

② 青蒜择洗干净，切成3厘米长的粗丝；姜去皮，洗净，切成细丝；香菜洗净，切成段。

③ 萝卜丝、姜丝、青蒜丝、香菜段放盆内，加酱油、白糖、米醋、味精、香油、辣椒油拌匀即成。

024 酸香萝卜条

原料 去皮胡萝卜条500克。

调料 花椒、干辣椒各10克，味精适量，冰糖、高汤各3大匙，精盐、香油各2小匙，米汤500克。

制作步骤 method

① 锅置火上，放入花椒、精盐和碎冰糖炒香，再加入米汤调匀，倒入盛胡萝卜条的坛内。

② 盖上坛盖，加入适量清水，腌渍2天；锅中加油烧热，下入干辣椒炒香，取出捣碎。

③ 倒入骨头汤、精盐、味精调匀成味汁，食用时把腌渍好的萝卜条放在盘内，淋上调制好的味汁即可。

025 红袖笋丝

原料 冬笋尖400克。

调料 葱花少许，精盐、味精、白糖、酱油各1/2小匙，鸡精、香油各1小匙，辣椒油2小匙。

制作步骤 method

① 将冬笋尖洗净，用手撕成细丝，再切成5厘米长的段，然后放入沸水锅中焯烫一下，捞出沥干，码放入盘中。

② 精盐、味精、酱油、鸡精、白糖、香油、辣椒油放入碗中调匀成红油味汁，浇淋在冬笋丝上，再撒上葱花即可。

026 红油拌四丝

★ 难度

原料 香干、胡萝卜、芹菜各125克，红柿子椒75克。

调料 精盐2小匙，味精、白糖各1/2小匙，辣椒油1大匙，花椒油1小匙。

制作步骤 method

① 将香干、胡萝卜、芹菜、红柿子椒分别择洗干净，均切成细丝。

② 锅中加入清水、精盐烧沸，分别放入四丝焯烫一下，捞出过凉，沥净水分。

③ 放入大碗中，加入精盐、味精、白糖，淋入辣椒油、花椒油拌匀入味，装盘上桌即可。

027 农家手撕菜

原料 大白菜100克，生菜75克，干豆腐、黄瓜各50克，小葱30克，熟花生仁25克，青椒、红椒各20克，鸡蛋2个。

调料 味精、鸡精各1小匙，豆瓣酱3大匙，香油1大匙，植物油适量。

制作步骤 method

① 大白菜、干豆腐、青椒、红椒、生菜分别先涤整理干净，沥去水分，用手撕成小片或小块，放入容器中。

② 小葱洗净，切成3厘米长的段；黄瓜洗净，用刀背拍碎。

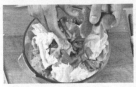

③ 鸡蛋磕入碗中，加入少许精盐调拌均匀，打散成鸡蛋液。

④ 锅中加油烧热，倒入鸡蛋液翻炒至碎，加入豆瓣酱、味精、鸡精和适量清水烧沸。

⑤ 转小火炖5分钟至浓稠，淋入少许明油，出锅成鸡蛋酱料。

⑥ 大白菜、干豆腐、青椒、红椒、生菜、黄瓜、小葱放入盆中，加入鸡蛋酱料调匀入味，撒在压成碎粒的熟花生仁，再淋入香油即可。

★ ★ 难度

028 酸辣黄瓜丝

原料 黄瓜300克，胡萝卜30克。

调料 精盐、味精各1/2小匙，米醋、香油各1小匙，酱油、辣椒油各2小匙。

制作步骤 method

① 黄瓜放入清水中洗净，去蒂，去皮，切成细丝，装入盘中；胡萝卜清洗干净，切成圆片，放入盘沿上作点缀。

② 取一大碗，加入精盐、味精、米醋、酱油、香油、辣椒油调匀成味汁，淋入盘中黄瓜丝上，拌匀即可。

029 辣子牛肉丁

原料 净牛肉500克，黄瓜100克。

调料 葱花、姜末、蒜片各20克，辣椒酱、料酒各2小匙，精盐、味精、黑胡椒粉、白糖、酱油、香油、植物油各适量，水淀粉、高汤各2大匙。

制作步骤 method

① 牛肉切丁，用料酒、黑胡椒粉腌渍入味，加酱油、水淀粉、香油搅匀；黄瓜洗净，改刀

切丁。

② 碗中放入高汤、水淀粉、酱油、精盐、白糖、味精、葱花、姜末、蒜片，调成芡汁。

③ 锅中加油烧热，放入肉丁滑熟，加入辣椒酱、黄瓜丁翻炒2分钟，淋入芡汁，翻炒均匀即可。

030 芥菜牛肉滑豆腐

★★★ 难度

原料 ingredients

北豆腐	300克
牛肉末	300克
芥菜粒	100克
草菇	适量
豌豆	适量

调料 condiments

葱末	5克
姜末	5克
蒜末	5克
高汤精	1/2小匙
白糖	1小匙
精盐	1小匙
酱油	1小匙
豆豉	2小匙
干辣椒	2小匙
青椒	2小匙
红椒	2小匙
水淀粉	50克
植物油	2大匙

制作步骤 method

① 北豆腐用清水洗净，捞出沥水，用刀削去北豆腐外硬皮，切成2厘米大小的方块，放入盘中。

② 豆豉放在案板上切碎；青椒、红椒分别去蒂，洗净切条；草菇择洗干净，切片；芥菜洗净，切丁。

③ 净锅置于火上，加入适量植物油烧热，然后下肉末、酱油、葱、姜、蒜、干辣椒炒香，至肉末变色。

④ 再放入洗净的豌豆、青椒、红椒、豆豉、草菇、北豆腐、芥菜炒熟。

⑤ 最后加入精盐、白糖、高汤精调好口味，加入水淀粉勾芡即可。

031 辣酱韭菜

原料 韭菜600克，红辣椒2个。

调料 白糖、白芝麻各1大匙，辣豆瓣酱、高汤各3大匙，酱油2大匙。

制作步骤 method

① 红辣椒切末；白芝麻炒香；韭菜洗净，氽烫，捞出沥干。

② 将韭菜切段，依序排入盘中。

③ 锅中加入少许植物油烧热，放入辣椒酱炒香，再加入高汤、酱油、白糖慢煮至香，做成酱汁淋在韭菜上，再撒上红辣椒及白芝麻即可。

032 双菇辣肠煲

原料 熟猪大肠段350克，香菇条、鲜鸡腿菇各5朵，青尖椒片50克，干辣椒段10克。

调料 葱段10克，精盐1小匙，味精、鸡精各1/2小匙，酱油1大匙，豆瓣酱、料酒各5小匙，辣椒油2小匙，鲜汤500克，植物油3大匙。

制作步骤 method

① 锅中加油烧热，下干辣椒段、葱段、豆瓣酱，然后放入熟大肠、香菇条和鸡腿菇煸炒片刻，烹入料酒、鲜汤、酱油、精盐烧沸，起锅倒在砂锅内。

② 最后放入青尖椒片、味精、鸡精，重置火上炖5分钟，淋入香油、辣椒油即可。

033 泡椒咖喱豆腐

原料 鲜豆腐1块，水发香菇片、鸡蛋液各10克，泡辣椒碎25克，香菜段10克。

调料 葱花10克，精盐、味精各1小匙，咖喱酱2小匙，面粉3大匙，鲜汤500克，植物油750克。

制作步骤 method

① 豆腐切片；鸡蛋液加入少许精盐打散。

② 锅中加油烧热，将豆腐片拍上一层面粉，挂匀鸡蛋液，下入油锅中，炸至结壳，捞出沥油。

③ 锅留底油烧热，下入泡辣椒蓉煸香，再下入咖喱酱略炒，然后添入鲜汤，放入豆腐片、香菇片，加精盐、味精调味，用中火炖至入味，出锅盛入盘内，撒上香菜段和葱花即成。

034 麻辣莴笋

★ 难度

原料 莴笋500克。

调料 葱花5克，精盐、白糖1/2小匙，味精、酱油、花椒油各1小匙，豆瓣酱、鲜汤各50克，水淀粉2小匙，植物油75克。

制作步骤 method

① 将莴笋去皮、洗净，切成5厘米长的粗条。

② 坐锅点火，加油烧热，先下入豆瓣酱、葱花炒香，再添入鲜汤，放入莴笋条。

③ 然后加入酱油、白糖、精盐，用中火烧10分钟，再放入味精、花椒油调好口味，用水淀粉勾芡，出锅装盘即可。

★ ★ 难度

035 红油豆干雪菜

原料 腌雪里蕻250克，豆腐干125克。

调料 精盐、香油、辣椒油各1/2小匙，米醋、白糖、味精各1小匙。

制作步骤 method

① 把雪里蕻先用冷水冲洗去盐分，再放入容器内，加入沸水浸泡30分钟，捞出挤去水。

② 锅里加入清水烧开，放入雪里蕻，用大火烧开，焯至熟烂，捞出沥水，再用冷水反复冲洗，去除咸味，挤去水，切段；豆腐干切丁。

③ 把雪里蕻段放入大瓷碗中，加入豆腐干丁拌匀，再加入米醋、白糖、味精、精盐，淋入辣椒油、香油，拌匀即可。

★ 难度

036 速腌辣味藕片

原料 鲜藕500克，干红辣椒25克。

调料 姜末20克，精盐3大匙，味精1/2小匙，白糖1小匙，米醋1大匙，香油2小匙。

制作步骤 method

① 干红辣椒去蒂及籽，切成末；鲜藕去根须，洗净，切成片，放入沸水锅内焯一下，捞出投凉。

② 装入盆内，加入适量精盐腌渍24小时，捞出沥净盐水。

③ 将藕片装入坛内，加少许精盐、米醋、白糖、姜末、干红辣椒末拌匀腌入味，再加入味精和香油拌匀，即可装盘食用。

037 鸡丝茼蒿杆

原料 ingredients

茼蒿·····················300克
鸡胸肉·················200克
红椒·······················15克
鸡蛋清······················1个

调料 condiments

蒜末·······················15克
精盐·······················1小匙
味精·······················1小匙
水淀粉·····················1大匙
植物油······600克(约耗50克)

制作步骤 method

① 茼蒿去根和老叶,用清水洗净,沥净水分。

② 将茼蒿放在案板上,切成3厘米长的小段。

③ 红椒去蒂及籽,用清水洗净,沥去水分,切成丝。

④ 鸡胸肉洗净,擦净表面水分,剔除筋膜。

⑤ 把鸡胸肉改刀切成细丝,放入小碗内,加入少许精盐、淀粉、植物油和蛋清拌匀,腌渍10分钟。

⑥ 锅中放油烧至四成热,下入鸡肉丝滑散、滑透,捞出沥油。

⑦ 锅内留少许底油烧热,下入红椒丝、蒜末炒香。

⑧ 放入茼蒿杆翻炒均匀,再放入鸡肉丝略炒。

⑨ 加入精盐、味精调味,用水淀粉勾芡,淋入明油,装盘即可。

038 烂蒜麻辣肚

原料 熟猪肚1个，扁豆10克。

调料 大蒜10粒，椒麻料1/2匙，冷高汤1大匙，香油1/2匙，辣椒油1大匙，盐1大匙，鸡精1/2匙。

制作步骤 method

① 扁豆去筋洗净，用开水汆烫，熟后捞出浸凉。

② 猪肚洗净，切成丁；大蒜捣烂备用。

③ 扁豆拌少许香油和盐放在盘底，肚丁拌入调味料放扁豆上面即可。

039 醋熘白菜

原料 白菜500克，胡萝卜片50克，干辣椒5克。

调料 姜丝5克，精盐、味精各1/3小匙，白糖1/2大匙，淀粉适量，陈醋1大匙，花椒油1小匙，植物油2大匙。

制作步骤 method

① 胡萝卜片放入沸水中焯烫一下，捞出沥水。

② 干辣椒切段；大白菜切片，放入沸水锅中焯透，捞出用冷水冲凉，沥干水分。

③ 锅中加油烧热，下入姜丝、辣椒段炝锅，放入白菜片，翻炒均匀，再放入胡萝卜片稍炒。

④ 烹入白醋，加入白糖、精盐、味精炒熟至入味，勾薄芡，淋入热花椒油，出锅装盘即成。

040 生拌牛肉

原料 牛里脊肉丝200克，甘蓝、白梨、香菜、熟芝麻各适量。

调料 葱末、蒜蓉、精盐、白糖、鲜露、辣椒酱、醋精、香油各适量。

制作步骤 method

① 牛肉丝用醋精拌匀，再洗净，沥干水分；甘蓝用淡盐水洗净，放入盘中；香菜择洗干净，切成末；白梨洗净，去皮及果核，切成丝。

② 把牛肉丝、香油、香菜末、蒜蓉、熟芝麻、辣椒酱、鲜露、精盐、葱末、白糖、白梨丝拌匀，放在盛有甘蓝的盘内，上桌即可。

041 五彩炒四季豆

原料　四季豆段400克，青椒、红椒各1个，虾米25克，水发黑木耳10克，猪肉末100克。

调料　葱段10克，姜片5克，料酒2小匙，精盐、味精各1/2小匙，香油1小匙，植物油500克。

制作步骤 method

① 青椒、红椒、黑木耳均洗净，切丝；虾米洗净，剁细，与肉末一起加入料酒拌匀。

② 锅中留底油烧热，放入葱段炸香，再放入肉末炒散，然后放入四季豆、海米煸炒片刻，加入料酒、精盐、味精和少许清水烧沸，放入木耳、青椒丝、红椒丝，用旺火收汁，淋入香油即可。

042 酸辣皮蛋菠菜汤

原料　松花蛋2个，菠菜50克，熟火腿10克。

调料　姜末10克，精盐、味精各1/2小匙，胡椒粉1小匙，香醋2小匙，葱油少许，清汤适量。

制作步骤 method

① 松花蛋剥去外壳，切成小瓣；菠菜去根和老叶，洗净，沥水，切成2厘米长的段；熟火腿洗净，切成小粒。

② 锅置火上，加入清汤，放入松花蛋瓣、菠菜段煮3分钟，撇去浮沫。

③ 再加入姜末、精盐、胡椒粉、味精、香醋调匀，淋入葱油，撒上火腿粒，出锅装碗即成。

043 麻辣鸳鸯豆腐

原料　嫩豆腐2块，血豆腐1块，猪肉末50克，咸雪菜少许。

调料　白糖、蚝油、豆瓣酱各1小匙，酱油少许，水淀粉2小匙，植物油2大匙。

制作步骤 method

① 将嫩豆腐、血豆腐分别洗净，切成小块，再放入沸水锅中焯烫一下，捞出冲凉。

② 锅中加油烧热，先下入猪肉末炒香，再添入适量清水，加入雪菜、豆瓣酱略炒，然后放入嫩豆腐、血豆腐，加入白糖、蚝油、酱油煮至熟嫩，再用水淀粉勾薄芡，即可出锅装盘。

044 酸辣笔筒鱿鱼

原料 水发鱿鱼300克，猪肉末50克。

调料 四川泡菜25克，味精、酱油、白醋、水淀粉、泡辣椒、清汤、植物油各适量。

制作步骤 method

① 将鱿鱼撕去外膜，去头及内脏，洗净沥干，再剞上十字花刀，切成长方形片，然后放入沸水中焯烫成笔筒状，再加入泡菜、水淀粉腌渍入味，下入八成热油中烫熟，捞出沥油。

② 锅中留底油烧热，先下入肉末、泡辣椒炒香，再放入鱿鱼，加入酱油、米醋、味精炒匀，然后添入清汤烧开，用水淀粉勾芡，即可出锅。

045 辣拌卷心菜

原料 卷心菜350克，香菜25克，红干辣椒丝10克。

调料 精盐、香醋各1小匙，味精少许，植物油1大匙。

制作步骤 method

① 卷心菜洗净，沥水，切成丝；香菜择洗干净，沥水，切成2厘米长的段。

② 将卷心菜丝放入瓷碗内，加入精盐拌匀，腌渍2小时，取出沥水。

③ 将卷心菜丝放入干净的瓷碗内，加入香醋、味精、香菜段拌匀，装入盘中。

④ 锅里加入植物油烧热，下入红干辣椒丝，用小火煸炒至红干辣椒丝红红亮，锅里溢出辣椒的浓香味时，出锅浇在盘内卷心菜丝上，拌匀即可。

★★★ 难度

046 海鲜酸辣汤

原料 豆腐1块，虾米、鲜贝丁各20克，水发黑木耳15克，鸡蛋1个。

调料 精盐、味精各2小匙，胡椒粉少许，米醋、水淀粉各2大匙，香油1小匙。

制作步骤 method

① 将水发黑木耳择洗干净；豆腐洗净，切成3厘米见方的片，虾米和鲜贝丁分别洗净。

② 锅置火上，加入适量清水，放入豆腐片、黑木耳烧沸，再放入虾米、鲜贝丁。

③ 加入米醋、酱油、精盐和胡椒粉，然后淋入打匀后的鸡蛋液，用水淀粉勾芡，出锅装碗，淋上香油，撒上胡椒粉、味精即可。

④ 坐锅点火，加入植物油烧热，下入花椒粒炸出香味。

⑤ 捞出花椒，放入干辣椒略炒，下入葱粒、姜粒和蒜粒炒香。

⑥ 放入卷心菜块，用旺火快速翻炒均匀。

⑦ 加入精盐、味精和酱油炒至入味，出锅装盘即可。

047 麻辣卷心菜

原料 卷心菜300克。

调料 葱段、姜块、蒜瓣、干辣椒、花椒粒各适量，精盐1/2小匙，味精1/3小匙，酱油1小匙，植物油1大匙。

制作步骤 method

① 葱段、姜块、蒜瓣收拾干净，均切成碎粒。

② 干辣椒切成小段；花椒放入碗中，加入清水稍泡，捞出。

③ 卷心菜洗净，沥净水分，切成象眼块。

★ ★ 难度

048 红油豇豆丁

★ ★ 难度

原料 ingredients

豇豆	350克
胡萝卜	50克
木耳	10克

调料 condiments

蒜蓉	15克
精盐	1小匙
味精	1/2小匙
芝麻酱	2大匙
酱油	2大匙
米醋	1大匙
白糖	1大匙
辣椒油	1大匙
香油	2小匙

制作步骤 method

① 将豇豆择洗干净，切成小丁；胡萝卜去皮，洗净，切成同样大的丁；木耳用温水泡软，去蒂，洗净，撕成小块备用。

② 坐锅点火，加入清水及适量精盐烧沸，放入豇豆丁、胡萝卜丁、木耳焯熟，捞出冲凉，沥干水分，放入碗中，加入剩余的精盐调匀待用。

③ 将芝麻酱放入碗中，加入少许清水调匀，再放入酱油、米醋、白糖、味精、香油调匀成味汁，然后淋在豇豆上拌匀，撒上蒜蓉，淋入辣椒油，即可装盘上桌。

★★★ 难度

★ 难度

049 鲜虾卷心菜辣汤

原料 鲜虾、卷心菜各100克。

调料 蒜末、姜末、精盐各少许，胡椒粉1/2小匙，番茄酱1大匙，辣酱1小匙，高汤1500克，料酒、黄油各2大匙。

制作步骤 method

① 将鲜虾去壳、去虾线，洗净；卷心菜洗净，切成块。

② 锅中加入黄油烧至熔化，下入蒜末、姜末、辣酱、番茄酱炒香，再放入鲜虾、卷心菜炒匀。

③ 然后烹入料酒，倒入高汤烧沸，再加入精盐、胡椒粉煮至入味，即可出锅装碗。

050 红油土豆丝

原料 土豆400克。

调料 精盐1小匙，味精、白糖各少许，花椒油、香油各1/2小匙，辣椒油1大匙。

制作步骤 method

① 将土豆洗净，削去外皮，切成均匀的细丝，放入容器内，加入适量清水浸泡10分钟，捞出。

② 锅中加入清水，下入土豆丝，用大火烧沸，焯约1分钟至熟透，捞出沥水。

③ 将土豆丝放入大碗中，加入花椒油、香油拌匀，再加入精盐、味精、白糖调匀，然后放入烧热的辣椒油拌匀，装盘上桌即可。

051 红油炝芥蓝

原料 芥蓝500克，红辣椒50克。

调料 花椒15粒，精盐、香油各2小匙，味精1/2小匙，白糖1小匙，植物油1大匙。

制作步骤 method

① 芥蓝削去外皮，洗净，斜切成片；红辣椒去蒂及籽，洗净，切成菱形片。

② 锅中加入植物油烧至四成热，下入花椒炸出香味，倒入大碗中，加入香油调匀。

③ 锅中加入清水、精盐、植物油烧沸，放入芥蓝片焯烫，再放入红辣椒片烧开，捞出沥水，放入花椒油碗中，加入精盐、味精、白糖拌匀即可。

★ 难度

052 辣汁炒花蟹

原料 花蟹750克。

调料 蒜蓉、葱花、精盐、白糖、酱油、米醋、料酒、香油、辣豆瓣酱、淀粉各适量，植物油2大匙。

制作步骤 method

① 花蟹洗涤整理干净，切成小块，蘸匀淀粉，放入热油锅煎至金黄色，捞出沥油。

② 锅中加入植物油烧至六成热，下入葱花、蒜蓉、辣豆瓣酱炒香，再放入蟹块略炒一下。

③ 然后烹入料酒，加入精盐、白糖、酱油、米醋略煮片刻，再用水淀粉勾芡，淋入香油，即可出锅装盘。

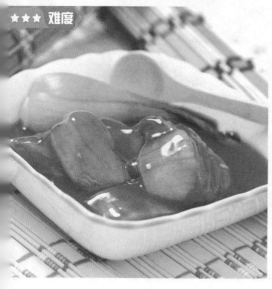

053 里脊丝拌四季豆

原料 四季豆300克，鲜鸡腿菇100克，猪里脊肉50克。

调料 精盐2小匙，味精、白糖各1小匙，香油少许，植物油适量。

制作步骤 method

① 四季豆择去豆筋，洗净，切成粗丝；鸡腿菇洗净，先切成大片，再切成小条，一同放入沸水锅中焯烫至熟，捞出沥干。

② 猪里脊肉洗净，切成细丝，再放入热油锅中滑散、滑熟，捞出沥油。

③ 将四季豆、鸡腿菇、猪肉丝一同放入大碗中，加入精盐、味精、白糖、香油拌匀即可。

054 鲜带子红辣汤

原料 鲜带子300克，菜胆少许。

调料 蒜末15克，白糖1小匙，鸡精1/2小匙，高汤1500克，剁椒酱、红糟汁、植物油各2大匙。

制作步骤 method

① 将鲜带子用尖刀插入两壳之间切开，沿贝壳边缘将肉壳分离，取出净肉，洗净；菜胆洗净，从中间切开。

② 锅置火上，加油烧热，先下入蒜末、红糟汁、剁椒酱、白糖炒香，再倒入高汤煮沸。

③ 然后放入鲜带子肉、菜胆煮沸，加入鸡精煮至入味，即可出锅装碗。

055 茄子沙拉

★ ★ ★ 难度

原料 ingredients

紫茄子	300克
青椒	50克
红椒	50克
洋葱	50克
西芹	50克
西红柿	50克
松子仁	少许
葡萄干	少许

调料 condiments

精盐	1小匙
胡椒粉	1/2小匙
白糖	1/2小匙
红酒	少许
米醋	少许
植物油	4大匙

制作步骤 method

① 将青椒、红椒、洋葱、西芹、西红柿洗涤整理干净，切成小块；葡萄干用清水泡软。

② 茄子去蒂、洗净，切成小方块，再放入热油锅中略煎一下，捞出沥油。

③ 坐锅点火，加油烧热，先下入青椒、红椒、洋葱、西芹、西红柿略炒，再添入适量清水，放入茄子块，加入精盐、胡椒粉、白糖、米醋、红酒烧至汁浓，然后撒入松子仁、葡萄干即可。

Part 2

15分钟
快手菜肴

鲜咸香辣
下饭菜

001 清汤麦穗肚

★ ★ 难度

原料 ingredients

猪肚……………………… 400克
嫩菜叶…………………… 150克

调料 condiments

精盐……………………… 适量
料酒……………………… 适量
胡椒粉…………………… 适量
淀粉……………………… 适量
米醋……………………… 适量
清汤……………………… 适量
熟鸡油…………………… 适量

制作步骤 method

① 猪肚取肚头部分，去掉白色油筋，放在容器内，加上淀粉、米醋揉搓均匀，再换清水洗净。

② 在肚头内面顺纹路横着斜剞0.7厘米宽交叉十字花刀，再顺纹路切作3厘米宽、8厘米长的条。

③ 净锅置火上，放入适量的清汤烧沸，倒入肚头焯煮至熟嫩，捞出沥水。

④ 净锅复置火上，加入清汤、精盐、料酒、胡椒粉烧沸，放入嫩菜叶、肚条稍煮，淋上熟鸡油，出锅倒在汤碗内即可。

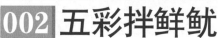

002 五彩拌鲜鱿

原料 鲜鱿鱼200克，黄瓜丝100克，胡萝卜丝、白萝卜丝、青椒丝、红椒丝各50克。

调料 精盐、味精、辣椒油各1/2小匙，葱油1小匙。

制作步骤 method

① 将鲜鱿鱼去内脏，洗涤整理干净，用清水冲洗10分钟，切成粗丝。

② 鱿鱼丝、胡萝卜丝、白萝卜丝、青椒丝、红椒丝分别用沸水焯烫一下，捞出冲凉，装入盘中。

③ 将盘中各种丝料，加入黄瓜丝、精盐、味精、辣椒油、葱油拌匀，即可上桌。

003 鱼香茄饼

原料 茄子400克，猪肉馅150克，鸡蛋1个。

调料 泡红辣椒、精盐、米醋、酱油、料酒、白糖、淀粉、味精、鲜汤、水淀粉、植物油各适量。

制作步骤 method

① 茄子切成连刀片，酿入猪肉馅成茄饼；鸡蛋、淀粉调成鸡蛋糊，放入茄饼挂匀，然后下入油锅内炸至金黄熟脆，捞出沥油，放在盘内。

② 精盐、米醋、白糖、酱油、料酒、味精、水淀粉、鲜汤调匀成鱼香味汁。

③ 锅放少许油烧热，放入泡辣椒，烹入鱼香味汁炒浓稠，出锅淋在茄饼上即成。

004 椒麻核桃

原料 鲜核桃仁200克，嫩豆苗少许。

调料 葱叶20克，花椒10克，精盐、酱油、味精、鸡汤、香油各少许。

制作步骤 method

① 将鲜核桃仁用沸水烫焖一下，取出，撕去皮衣；嫩豆苗洗净，沥水。

② 将花椒、葱叶剁碎，放小碗内，加上精盐拌匀成葱椒蓉。

③ 再加上酱油、味精、鸡汤拌匀，放入核桃仁拌入味，淋上香油，盛盘，撒上嫩豆苗即成。

★ ★ 难度

★ ★ 难度

005 白香辣卷心菜

原料 卷心菜叶350克，红干椒15克。

调料 葱末10克，姜末、蒜末各5克，精盐、味精、白糖各1/2小匙，香油1小匙，植物油2大匙。

制作步骤 method

① 将卷心菜叶洗净，切成大片；红干椒去蒂，洗净，用清水泡软，切成细丝。

② 炒锅置火上，加入少许底油烧热，先下入葱末、姜末、蒜末炒出香味，再放入红干椒丝煸炒片刻，然后加入卷心菜叶，放入精盐、味精、白糖，用旺火翻炒至入味，再淋入香油，即可出锅装盘。

006 辣炒豆腐皮

原料 豆腐皮250克，猪里脊肉丝150克。

调料 干红辣椒5克，葱花、姜末各10克，酱油、料酒各1大匙，白醋、白糖各1小匙，精盐、味精各1/2小匙，水淀粉适量，植物油3大匙。

制作步骤 method

① 将豆腐皮泡软，捞出卷成卷，再切成丝。

② 猪里脊肉丝加上少许精盐和水淀粉拌匀。

③ 锅中加油烧热，先下入猪肉丝煸炒至变色，再放入少许葱花、姜末和干红辣椒爆香。

④ 然后下入豆腐皮丝，烹入料酒、白醋，加入酱油、白糖、精盐翻炒均匀，加入味精炒匀，用水淀粉勾芡，撒上葱花，出锅装盘即可。

007 白家肥肠粉

原料 红苕粉、熟猪肠、熟猪肺、熟猪心、芽菜各适量。

调料 大葱15克，精盐、酱油、胡椒粉、味精、辣椒油、花椒水各适量。

制作步骤 method

① 将熟猪肠、熟猪肺、熟猪心切碎；芽菜剁成末；大葱切成葱花。

② 把精盐、酱油、味精、胡椒粉、辣椒油、芽菜末和葱花放面碗内。

③ 把猪心、猪肠、猪肺放在漏勺内，再加入红苕粉，放入沸汤锅内焯烫2分钟，连汤一起倒入盛有味汁的面碗内，淋上花椒水，上桌即成。

★ 难度

008 豆酱卷心菜

原料 五花肉块300克，卷心菜4片，鲜香菇4朵。

调料 葱末适量，姜片5克，胡椒粒、精盐、高汤各少许，豆瓣酱、豆豉、料酒、酱油各1大匙，甜面酱、植物油各2大匙。

制作步骤 method

① 锅中加水烧开，放入猪肉块、葱末、姜片煮熟，取出猪肉切片；汤里放入卷心菜、鲜香菇煮软，捞出。

② 锅中加油烧热，下入豆瓣酱、豆豉、甜面酱炒香，再加入肉片翻炒，然后加入高汤和料酒。

③ 加入蔬菜炒匀，加入葱末炒香，最后料酒、酱油、胡椒粒、精盐炒匀即可。

★ ★ 难度

009 酱肉拌豇豆

原料 豇豆200克，酱牛肉150克，胡萝卜50克。

调料 姜末10克，精盐、白糖、花椒油、米醋各1小匙，味精1/2小匙，酱油2小匙。

制作步骤 method

① 苋菜择洗干净，切成段，下入沸水锅中焯熟，捞出；牛肉洗净，切成薄片，放入碗中，加入料酒、精盐、淀粉拌匀上浆；蟹柳切成段。

② 牛肉片、蟹柳段下入沸水锅中焯熟，捞出。

③ 取一大碗，放入苋菜段、牛肉片、蟹柳段，加入花椒油、香油、姜末、精盐、香醋、味精、白糖拌匀，即可装盘上桌。

★ 难度

★ ★ 难度

010 家常春笋

原料 春笋500克，猪肥瘦肉100克。

调料 精盐1/2小匙，味精少许，郫县豆瓣3大匙，酱油、水淀粉各2小匙，鲜奶200克，植物油75克。

制作步骤 method

① 将春笋入锅煮约10分钟，捞出用清水漂冷，沥干，斜切成小滚刀块；猪肥瘦肉洗净，切薄片。

② 锅中放入植物油烧至五成热，下入肉片炒散，再加入精盐、郫县豆瓣炒至油呈红色，然后放入笋块，加入鲜汤、酱油、味精烧沸约3分钟，用水淀粉勾浓芡，起锅装盘即可。

011 油泡百叶

原料 鲜百叶200克，水发竹笋100克。

调料 姜末、葱末各10克，精盐、味精各1/2小匙，胡椒粉、香油各1小匙，料酒2小匙，姜汁、鲜汤各1大匙，食用碱3大匙，油酥豆瓣4大匙。

制作步骤 method

① 将百叶洗净，放入加有食用碱的清水中浸泡24小时，去除黑膜，再用清水反复洗净。

② 百叶切成长丝，放入容器中，加入精盐、

姜末、葱末、料酒、胡椒粉，腌渍15分钟，再放入沸水锅中焯熟后捞出，沥干水分。

③ 水发竹笋撕成丝，放入加有精盐的沸水锅中焯至断生，捞入盘中垫底，百叶肚丝盖面。

④ 盆中放入味精、油酥豆瓣、姜汁、香油、鲜汤，充分调匀成味汁后，淋入百叶肚丝上即成。

★ ★ 难度

012 皮蛋豆花

★ 难度

原料 ingredients

松花蛋	4个
豆腐	1盒
花生	10克
青椒	5克
香菜	5克
榨菜	5克

调料 condiments

葱花	少许
姜末	少许
精盐	1/2小匙
味精	1/2小匙
陈醋	1/2小匙
辣椒油	1/2小匙
香油	1/2小匙
生抽	1小匙

制作步骤 method

① 松花蛋剥去包裹料，用清水浸泡并洗净，擦净表面水分。

② 放入蒸锅内蒸5分钟，取出去壳，切成小瓣。

③ 青椒去蒂和籽，洗净，切细末；香菜、榨菜洗净，均切细末。

④ 花生放入热锅内煸炒至熟香，出锅晾凉，再按压成碎粒。

⑤ 嫩豆腐取出，放入微波炉中用高火加热3分钟。

⑥ 取出豆腐，放在案板上晾凉，切成大片。

⑦ 把豆腐片码放在盘内，在豆腐的上面摆上松花蛋瓣。

⑧ 葱花、青椒末、香菜末、榨菜末分别放在盘子四角；姜末、精盐、陈醋、生抽、味精、香油、辣椒油放碗中调匀。

⑨ 均匀地浇淋在豆腐片和松花蛋上，再撒上花生碎即可。

★ ★ 难度

★ ★ ★ 难度

013 剁椒蒸大白菜

原料 大白菜心500克，剁椒75克。

调料 葱末、姜末、蒜末各5克，蚝油1/2小匙，蒸鱼豉油、胡椒粉各1小匙，植物油适量。

制作步骤 method

① 将大白菜心洗净，切成6瓣，下入沸水锅中烫至五分熟，捞出沥水，码放在盘内。

② 锅置火上，加入植物油烧至六成热，下入剁椒、精盐、味精、姜末、蒜末、蚝油和蒸鱼豉油，用小火煸炒5分钟，出锅浇在白菜心上。

③ 将白菜心放入蒸锅中，用旺火蒸8分钟，取出，撒上葱末，淋少许烧热的植物油即成。

014 胡椒海参汤

原料 水发海参5个，香菜段15克。

调料 葱25克，精盐、味精各1小匙，胡椒粉1/2小匙，料酒1大匙，生姜水2小匙，香油、酱油各少许，熟猪油5小匙，鸡汤750克。

制作步骤 method

① 把发好的海参去除腹内黑膜，洗净泥沙，片成大片，放入沸水锅中焯透，捞出水分。

② 锅置旺火上，加入熟猪油烧热，先下入葱丝稍炒，再烹入料酒，加入鸡汤、味精、生姜水、酱油、精盐和胡椒粉，放入海参片烧沸。

③ 撇去浮抹，淋入香油，盛入大汤碗中，撒上葱丝和香菜段即可。

★ ★ 难度

015 红油扁豆

原料 扁豆400克。

调料 姜末10克，红干辣椒段5克，精盐、味精、植物油各适量，香油1小匙。

制作步骤 method

① 红干辣椒段洗净，再加入姜末拌匀。

② 锅置火上，加油烧热，出锅倒入盛有姜末、辣椒段的小碗中，用筷子搅拌均匀成辣椒油。

③ 扁豆择去两头尖角，洗净，切段。

④ 锅中加入清水，下入扁豆段烧沸，焯约3分钟至熟透，捞出扁豆，放入冷水中浸泡几分钟至凉透，捞出沥水，放入大瓷碗中，加入适量精盐、味精，淋入香油、辣椒油拌匀即成。

016 酸鲜辣卷心菜

原料 净冬笋400克。

调料 葱末、花椒、精盐、味精、酱油、辣椒油、香油、杂骨汤各适量。

制作步骤 method

① 净冬笋放入清水锅中煮5分钟，捞出后从中间切开，再用刀背拍松，切成条。

② 锅置火上，加入香油烧至七成热，先下入花椒炸香，捞出，再放入葱末、冬笋条略炒。

③ 然后加入酱油、精盐炒匀，再注入杂骨汤，调入味精，用中火烧焖1分钟，最后改用旺火收浓汤汁，淋入辣椒油，出锅装盘即可。

017 麻辣冬瓜

原料 冬瓜500克，干辣椒10克。

调料 花椒末适量，精盐、酱油、白糖各1/2小匙，香油2小匙。

制作步骤 method

① 将冬瓜削去外皮，去瓤和籽，洗净，切成小片；将干辣椒去蒂，去籽，洗净，切段。

② 将冬瓜片投入开水锅中煮3～4分钟至熟后，捞出沥干，加入精盐、酱油、白糖和花椒末。

③ 炒锅中倒入香油，烧至七分热时，放入干辣椒段，炸香后捞出干辣椒段，将炸出的辣椒油趁热淋在冬瓜片上，拌匀后即可食用。

018 甜辣萝卜

原料 白萝卜2500克。

调料 辣椒粉200克，精盐200克，白糖150克。

制作步骤 method

① 将萝卜切成条，装坛内，一层萝卜撒一层精盐，腌2天取出沥干；将盐腌萝卜条放入清水中浸泡片刻，期间换2～3次水，取出压干水分。

② 精盐、白糖、辣椒粉混拌在一起，与萝卜条调拌均匀，装入坛内，每天翻动1次，3天即可食用。

019 干煸荷兰豆

★ ★ 难度

原料 ingredients

荷兰豆……………… 500克
猪肉馅……………… 100克
芽菜末(或冬菜末) …… 50克

调料 condiments

精盐……………… 1/2小匙
味精……………… 1/2小匙
酱油……………… 1大匙
料酒……………… 1小匙
植物油……………… 2大匙

制作步骤 method

① 荷兰豆撕去老筋，掰成两段，用清水洗净。

② 锅中加油烧热，先下入猪肉馅煸干水分，盛入碗中，再放入芽菜末炒香，捞出沥油。

③ 净锅置火上，加油烧热，先下入荷兰豆略炒，再放入猪肉馅、芽菜末、料酒煸至干香，然后加入酱油、精盐、味精炒匀入味，即可出锅装盘。

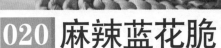

020 麻辣蓝花脆

原料 花生仁200克，西蓝花150克，锅巴100克，洋葱30克。

调料 蒜蓉、精盐、味精、白糖、胡椒粉、麻椒粉、柠檬汁、辣椒油、植物油各适量。

制作步骤 method

① 花生放入沸水锅中煮至断生，捞出去皮；西蓝花洗净，切碎；洋葱去皮，洗净，切丝；锅巴放入油锅中炸脆，捞出沥油。

② 炒锅加入辣椒油烧热，下入洋葱丝、麻椒粉、蒜蓉炒香，再放入花生仁、西蓝花煸炒，然后加入调料炒匀，放入锅巴炒至入味，出锅装盘即可。

022 重庆酸辣粉

原料 红苕粉条400克，油酥黄豆、豆苗各适量。

调料 葱花25克，酱油、米醋、红油辣椒、花椒粉、味精、熟猪油、鲜汤各适量。

制作步骤 method

① 红苕粉条先用沸水浸泡至熟；豆苗洗净，放入沸水锅内烫至断生，捞出沥水；把酱油、米醋、红油辣椒、花椒粉、熟猪油和味精放碗内调匀成味汁。

② 汤锅置火上烧沸，把红苕粉条放入竹漏瓢内，浸入鲜汤中稍烫一下，倒入盛有味汁的碗内，上面放上烫至断生的豆苗，撒上油酥黄豆、葱花，上桌即成。

021 麻辣萝卜丝

原料 红心萝卜250克，香菜段、干辣椒各适量。

调料 葱末、蒜末各少许，精盐、味精各1/2小匙，白糖2小匙，米醋、酱油、香油、花椒粉各1小匙。

制作步骤 method

① 红心萝卜洗净，削去外皮，切丝，放入大碗中，撒上精盐腌几分钟，再挤净水分。

② 另取一小碗，加入酱油、味精、白糖、米醋、花椒粉，放入葱末、蒜末拌匀成味汁。

③ 炒锅置火上，放入香油烧热，下入碎辣椒炸出香味，制成辣椒油，倒入味汁碗内，味汁浇在萝卜丝上，撒上香菜段，搅拌均匀即可食用。

023 川辣黄瓜

原料 黄瓜250克，胡萝卜100克，干辣椒25克。

调料 花椒少许，白糖、米醋各2小匙，精盐1/2大匙，植物油、清汤各1大匙。

制作步骤 method

① 黄瓜洗净，切成长5厘米的小条；胡萝卜去皮，洗净，切成条；干辣椒切成小段。

② 将精盐、白糖、米醋、清汤放入小碗内，调拌均匀成味汁。

③ 锅置火上，加油烧热，放入花椒炸出香味，捞出不用，再下入干辣椒段炸至棕红色，将锅离火，然后放入黄瓜条和胡萝卜条拌匀，出锅装盘，晾凉后浇上调好的味汁即可。

024 红油抄手

原料 五花肉蓉200克，抄手皮20张，鸡蛋1个。

调料 葱末15克，精盐、味精各1小匙，香油1/2大匙，胡椒粉少许，辣椒油、酱油各1大匙。

制作步骤 method

① 五花肉蓉分三次加入清水150克调匀，再加上鸡蛋、精盐、味精、胡椒粉拌均匀成糊状馅料。

② 取1张抄手皮，中间放入馅料，上下对折，并将左右两角向中间折一下成"抄手"生坯。

③ 把辣椒油、酱油、香油和味精调匀成味汁，分别放在4个碗内，撒入葱末。

④ 锅内放入清水烧沸，下入"抄手"煮5分钟，捞出，装入盛有调料的小碗内，即可上桌食用。

025 葱油海螺

原料 鲜海螺肉300克，葱叶40克。

调料 精盐、味精各1/2小匙，白糖少许，食用碱、香油各1小匙，植物油1大匙。

制作步骤 method

① 海螺肉洗净，片成薄片，再放入盆中，加入适量清水和食用碱，浸泡10分钟，然后下入沸水锅中焯熟，捞出晾凉，装入盘中。

② 将葱叶洗净，切成葱花，再放入四成热油中炸香出味，滗出葱油。

③ 精盐、味精、白糖、香油、葱油放入碗中调匀，浇在海螺肉上，拌匀即可。

026 香辣肉丝

原料 猪里脊肉丝500克，香菜段30克，尖椒丝30克，蛋清1个。

调料 葱丝、姜丝、蒜片各10克，精盐、味精、鸡精各1/3小匙，白糖、料酒、辣椒油各1/2小匙，淀粉、酱油1小匙，植物油适量。

制作步骤 method

① 里脊肉丝加入料酒、淀粉、蛋清抓匀。

② 锅中加油烧热，滑入肉丝，变白后捞出。

③ 锅中留底油，放入葱丝、姜丝、蒜片炒香，加入料酒、酱油、精盐、味精、鸡精、尖椒丝、肉丝翻匀，加入淀粉勾芡，倒入香菜段，淋入辣椒油、炒匀装盘即可。

027 萝卜干拌兔丁

原料 兔肉200克，萝卜干100克，辣椒50克，豆豉卤20克，油酥豆瓣10克，香菜15克，熟碎花生仁25克。

调料 葱末20克，精盐、味精、白糖、香油各1/2小匙，红油、鲜汤各2小匙。

制作步骤 method

① 兔肉洗净，放入清水锅中，加入姜、葱、料酒煮至断生，关火后浸泡15分钟，捞出晾凉，斩成小丁；萝卜干用开水浸泡，捞出挤去水分，切成丁；小米辣椒洗净，剁成细末。

② 锅中加油烧热，放入豆豉炒香，再加入味精、鲜汤烧沸，用水淀粉勾芡，制成豆豉卤。

③ 取小盆，加入精盐、味精、白糖、红油、香油、豆豉卤、油酥豆瓣、小米椒调匀，放入兔丁、萝卜干、葱丁、熟碎花生仁拌匀，装入盘中，撒上香菜末，即可上桌食用。

028 辣子肉丁

原料 猪肉450克，青笋50克，红泡椒30克。

调料 葱末、姜末、蒜末各15克，精盐、白醋各1大匙，味精、白糖各1/2小匙，酱油、水淀粉各2小匙，料酒、鲜汤、植物油各2大匙。

制作步骤 method

① 猪肉洗净，切丁，加入精盐、水淀粉上浆；青笋去皮，切丁，用精盐略腌；精盐、白糖、酱油、白醋、味精、料酒、水淀粉、鲜汤调成味汁。

② 锅中加油烧热，先下入猪肉丁炒散，再放入葱、姜、蒜、红泡辣炒香上色，然后加入青笋丁炒匀，再烹入味汁炒至收汁，即可出锅装盘。

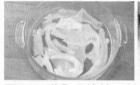

再下入鳝鱼肉焯熟，捞出冲凉，切成8厘米长的粗丝，放在凉粉上。

③ 将豆瓣、豆豉分别剁细，再放入四成热油中炒出香味，出锅晾凉。

④ 将精盐、味精、米醋、白糖、辣椒油、香油、花椒粉、豉油豆瓣放入小碗中调成味汁，淋在鳝鱼丝上，再撒上熟芝麻、香菜段即可。

029 凉粉拌鳝丝

原料 净鳝鱼肉200克，凉粉100克，熟芝麻15克，香菜段10克。

调料 葱段25克，姜片20克，精盐、味精、米醋各1小匙，白糖少许，豆豉、辣椒油各2小匙，郫县豆瓣4大匙，花椒粉、香油各1/2小匙，植物油2大匙。

制作步骤 method

① 将凉粉冲净，切成粗丝，装入盘中垫底。

② 锅中加入清水，先放入葱段、姜片烧沸，

030 海椒鸡丁

★★★ 难度

原料 ingredients

鸡胸肉	500克
干辣椒	10根

调料 condiments

姜片	10克
葱段	15克
精盐	1小匙
味精	少许
胡椒粉	少许
辣椒粉	2小匙
水淀粉	2小匙
料酒	2大匙
豆瓣	1大匙
酱油	1大匙
清汤	100克
植物油	适量

制作步骤 method

① 鸡胸肉切成丁，用少许料酒、酱油拌匀，放入油锅内滑至熟嫩，捞出；干辣椒切成小段。

② 锅中放底油烧热，下入干辣椒段、豆瓣、姜片、葱段和辣椒粉炒匀出香辣味。

③ 倒入鸡丁，加入料酒、清汤、味精、精盐、酱油烧5分钟，用水淀粉勾芡，出锅装盘即可。

031 沙茶酱炒双鱿

原料 水发鱿鱼、鲜鱿鱼各1条，芹菜200克，红辣椒2根。

调料 鸡精1小匙，沙茶酱3大匙，淀粉1大匙，香油1/2小匙，植物油2大匙。

制作步骤 method

① 两种鱿鱼去内脏及外膜，洗净，先剞上交叉花刀，再切成大块，然后用沸水焯至卷曲，捞出冲净；芹菜、红辣椒洗净，切成小段。

② 锅中加入底油烧热，先下入芹菜、红辣椒略炒，再加入鸡精、沙茶酱、鱿鱼块翻炒至熟，然后用水淀粉勾芡，淋入香油，即可出锅装盘。

032 鲜贝烧冬瓜

原料 冬瓜500克，鲜贝100克，红辣椒粒25克。

调料 葱花、姜米各5克，精盐、鸡精各1/2小匙，味精少许，水淀粉2小匙，清汤150克，植物油3大匙。

制作步骤 method

① 鲜贝洗净，放入沸水锅内焯烫一下，捞出。

② 冬瓜去皮，洗净，切块，再切修成圆球状，放入沸水锅中焯烫，捞出沥水。

③ 锅中加油烧热，下入葱花、姜米炒出香味，放入冬瓜球略炒片刻，加入鸡精、清汤烧沸。

④ 烧至软烂，再加入鲜贝、精盐略烧，撒入红椒粒，加入味精，勾薄芡，出锅装碗即成。

033 香辣豇豆

原料 豇豆350克，红干椒5克。

调料 精盐、味精各1小匙，香油2小匙，植物油适量。

制作步骤 method

① 豇豆择洗干净，切成小段，放入沸水锅中焯烫至熟透，捞出沥干。

② 红干辣椒洗净，切成细末，放入碗中，浇入热油制成辣椒油。

③ 将豇豆段放入大碗中，加入精盐、味精拌匀，淋入香油、辣椒油，即可装盘上桌。

034 香辣田鸡腿

原料 田鸡腿250克，花生仁50克，红干椒段20克，鸡蛋清2个。

调料 葱末、姜末、精盐、味精、酱油、白糖、淀粉、植物油各适量。

制作步骤 method

① 田鸡腿洗净，加入少许精盐、味精、蛋清、淀粉抓匀上浆，再下入热油中滑熟，捞出沥油，然后放入花生仁炸熟，捞出去除外皮。

② 精盐、酱油、味精、淀粉、白糖调匀。

③ 锅中留底油烧热，先下入葱末、姜末、干椒段炸香，再放入田鸡腿、花生仁炒匀，然后烹入味汁翻炒至入味，即可出锅装盘。

★★★ 难度

★ ★ 难度

035 红油蕨菜

原料 鲜蕨菜300克，西红柿1个。

调料 精盐1小匙，味精、白糖、香油各1/2小匙，酱油1大匙，辣椒油4小匙，鲜汤2小匙。

制作步骤 method

① 西红柿洗净，切成圆片，摆入盘底；蕨菜去根，洗净，切成段，放入沸水中焯至断生，捞出过凉，沥水。

② 将蕨菜段放入盆中，加入精盐、味精、白糖、酱油、香油、辣椒油、鲜汤拌匀，放入装有西红柿片的盘中即可。

★★★ 难度

036 鱼血旺

原料 净肥肠段、鱼片、血旺条各300克，黄豆芽、芹菜片各适量。

调料 大葱、姜、干红辣椒、精盐、味精、花椒、水淀粉、料酒、辣椒油、植物油各适量。

制作步骤 method

① 血旺条入沸水锅中焯烫，捞出；鱼片用精盐、味精、料酒、水淀粉调味上浆，入锅滑油，捞出沥油。

② 锅置火上，加入清水烧沸，再下入葱、姜，放入豆芽、芹菜片、血旺、肥肠煮熟，然后将豆芽、芹菜捞入盆中，再盛入血旺、肥肠和鱼片，最后放入花椒和干红辣椒，浇上辣椒油即成。

037 川香回锅肉

★★★ 难度

原料 ingredients

熟猪五花肉片	250克
红干椒	适量
水发木耳	适量
油菜心	适量

调料 condiments

葱片	适量
精盐	1/2小匙
味精	1/2小匙
白糖	1/2大匙
辣椒酱	1/2大匙
白醋	1/2大匙
料酒	1大匙
酱油	1大匙
植物油	750克

制作步骤 method

① 猪五花肉片放入热油锅中滑透，捞出沥油；油菜心洗净，切成段；水发木耳择洗干净。

② 锅中加油烧热，下入葱片炒香，再烹入料酒，加入调料、少许清水烧沸，然后放入猪肉片、红干椒、木耳、油菜心炒至入味，出锅装盘即可。

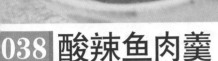

038 酸辣鱼肉羹

原料 加吉鱼1000克，水发木耳、胡萝卜丁各50克，香菜末少许。

调料 精盐1/2小匙，胡椒粉、味精各2小匙，白醋4小匙，辣椒仔1瓶，水淀粉适量。

制作步骤 method

① 将加吉鱼去鳞及鳃，除内脏，洗净，去骨取肉，切成小丁；水发木耳择洗干净，切成丝。

② 坐锅点火，加入适量清水烧沸，先下入加吉鱼丁、木耳丝、胡萝卜丁。

③ 再加入精盐、味精、辣椒仔、胡椒粉烧沸，撇去浮沫，用水淀粉勾芡，撒上香菜末，出锅装碗即可。

040 凉拌辣白菜

原料 大白菜300克，豆腐干4块，香菜3棵。

调料 辣椒丝20克，葱丝40克，碎花生、蒜末、精盐、鸡精、米醋、细白糖各少许，辣椒油1大匙，香油1小匙。

制作步骤 method

① 香菜切段；豆腐干切丝，入开水锅中焯烫一下，捞出晾凉；大白菜切除叶片，留梗切丝，加精盐腌2分钟，至白菜梗变软，冲洗去精盐，沥干。

② 白菜梗丝、辣椒丝、葱丝、蒜末、豆干丝、香菜段、辣椒油、香油、精盐、鸡精、米醋、细白糖一起拌匀，再撒入碎花生，拌匀即可。

039 拌肘子

原料 肘子肉500克，黄瓜150克。

调料 精盐适量，米醋2大匙，酱油3大匙，香油1小匙。

制作步骤 method

① 肘子肉洗涤整理干净，下入沸水锅内煮熟，晾凉后改刀切成大片。

② 黄瓜去根，洗净后沥去水分，先用刀稍拍，再切成象眼块。

③ 碗内放入酱油、米醋、精盐、香油调成味汁。

④ 将黄瓜放入盘内，再把肘子肉摆在上面，浇淋上味汁，调拌均匀即成。

041 夫妻肺片

原料 卤牛心、卤牛舌、卤牛肉、毛肚各50克，芹菜30克，香菜、芝麻各10克。

调料 精盐、花椒粉各1小匙，味精、白糖各少许，辣椒油1大匙。

制作步骤 method

① 将卤牛心、卤牛舌、卤牛肉均切成薄片；毛肚洗净，放入清水锅中煮熟，捞出，切成薄片。

② 芹菜切成3厘米长的段，放入沸水锅中焯烫一下，捞出过凉、沥水，放入盘中垫底。

③ 盆中放入牛心、牛舌、卤牛肉、毛肚片，加入调料拌匀，码放在芹菜上，撒上芝麻、香菜即可。

042 辣炒肚丝

原料 熟猪肚400克，青椒、冬笋各50克。

调料 葱丝10克，姜丝5克，精盐1/2小匙，味精少许，酱油、料酒各1大匙，植物油3大匙。

制作步骤 method

① 熟猪肚切成6厘米长的丝；青椒去蒂和籽，洗净，擦净表面水分，切成细丝。

② 锅中加油烧热，下入葱丝和姜丝炒香，放入青椒丝略炒，放入猪肚丝和冬笋丝炒匀。

③ 然后加入酱油、精盐、料酒、清汤炒至青椒丝断生、猪肚丝入味。

④ 加入味精炒拌均匀，淋入少许明油即可。

043 酸辣牛肉粉丝汤

原料 嫩牛肉150克，水发粉丝25克，胡萝卜1/2根，香菜末10克。

调料 精盐、味精、香油、米醋、水淀粉、料酒、植物油、高汤各适量。

制作步骤 method

① 嫩牛肉洗净，切丝，放入碗内，加上少许精盐、料酒、水淀粉拌匀；胡萝卜洗净，切丝。

② 锅内加入植物油烧热，下入胡萝卜丝煸炒片刻，加入高汤、水发粉丝、精盐烧煮至沸。

③ 加入牛肉丝、料酒、米醋、味精烧沸，水淀粉勾芡，撒上香菜末，出锅装入汤碗，淋上香油即成。

044 辣白菜炒饭

原料 熟五花肉150克,辣白菜100克,白米饭200克。

周料 葱末、姜末各少许,酱油、料酒1/2大匙,精盐、味精、白糖各少许,植物油1大匙。

制作步骤 method

① 熟五花肉改刀切成薄片;辣白菜切成小段。

② 锅中加入植物油烧热,放入葱末、姜末炝锅,下入五花肉、辣白菜段煸炒片刻,再下入酱油、料酒、精盐、味精、白糖、白米饭,炒拌均匀即可。

045 炝莲白

原料 莲白500克,干红辣椒25克。

周料 大葱、蒜瓣各10克,花椒5克,精盐1小匙,酱油1大匙,白糖、米醋、水淀粉各少午,香油2小匙,植物油2大匙。

制作步骤 method

① 莲白剥去老皮,切成两半,去掉菜根,切成大块,放入盆内,加入清水和少许精盐洗净,取出。

② 干辣椒洗净,去蒂,去籽,切成小段;大

葱洗净,切成段;蒜瓣洗净,切成片。

③ 净锅置火上,放入植物油烧至六成热,下入辣椒段、花椒、葱段和蒜片炒香,加入莲白块炒软。

④ 加入精盐、酱油、白糖、米醋炒匀,用水淀粉勾芡,淋上香油,出锅装盘即成。

★ ★ 难度

046 茭白辣椒炒毛豆

原料 茭白300克，毛豆粒50克，红干椒20克。

调料 葱末、姜末各10克，精盐、白糖、酱油各1小匙，鸡精1/2小匙，植物油1大匙。

制作步骤 method

① 茭白去壳，削皮，除去老根，洗净，切成丝；红干椒去籽，洗净，切成丝；毛豆粒放入清水锅中煮5分钟，捞出用冷水过凉。

② 锅置火上，倒入植物油烧热，下入葱末、姜末、红干椒丝煸香，再放入茭白丝炒熟。

③ 然后放入毛豆，加入精盐、酱油、白糖、鸡精炒透入味，出锅装盘即可。

047 干酱高笋

原料 鲜高笋400克，菜心100克，香葱15克。

调料 精盐、味精各少许，料酒、甜酱各1大匙，酱油、白糖各2小匙，清汤2大匙，植物油500克（约耗100克），香油适量。

制作步骤 method

① 将鲜高笋剥去外壳，放入清水锅内煮5分钟，取出，用冷水过凉，削去外皮，切成5厘米长、1厘米见方的长条。

② 香葱去根，洗净，切成小段；将料酒、酱油、精盐、白糖、味精和清汤放小碗里调匀成味汁。

③ 把菜心去根，择洗干净，放入清水锅内焯烫一下，捞出用冷水过凉，沥水，放在盘内垫底。

④ 净锅置火上，放入植物油烧至六成热，放入高笋条炸至呈浅黄色时，取出控油。

⑤ 锅内留少许底油烧热，放入甜酱炒香，加入高笋条翻炒均匀，烹入对好的味汁，快速翻炒均匀，淋上香油，撒上香葱段，出锅放在菜心上即成。

★ ★ 难度

048 木耳炒扇贝

★ ★ 难度

原料 ingredients

水发木耳……………… 30克
油菜………………… 30克
净扇贝肉…………… 500克
青椒片……………… 20克
红椒片……………… 20克

调料 condiments

葱段………………… 5克
姜片………………… 5克
精盐………………… 1小匙
白糖………………… 1小匙
水淀粉……………… 1小匙
酱油……………… 1/2小匙
香油……………… 1/2小匙
植物油……………… 2大匙

制作步骤 method

① 油菜洗净，放入加有少许精盐的沸水中焯烫一下，捞出摆入盘中；木耳洗净，切成小朵。

② 锅中加油烧热，放入葱段、姜片、青椒、红椒炒香，再放入扇贝肉略炒。

③ 然后加入精盐、白糖、酱油，放入木耳炒至入味，用水淀粉勾芡，淋入香油，出锅装入油菜盘中即成。

049 辣炒肉皮

原料 猪肉皮500克，香菜段25克。

调料 辣椒丝10克，葱丝、蒜末各5克，精盐、米醋各1小匙，五香粉、味精各少许，水淀粉2小匙、酱油1大匙，清汤适量，植物油2大匙。

制作步骤 method

① 猪肉皮刮洗干净，放入汤锅内煮至软烂，捞出晾凉，片去肥肉，切成丝，再用温水洗净。

② 炒锅上火，放入植物油烧六成热，加入辣椒丝、葱丝、蒜末炝锅，再放入肉皮丝炒匀。

③ 然后加入五香粉、精盐、酱油、米醋、清汤和味精炒匀，用水淀粉勾芡，撒上香菜段即可。

050 牛肉丝拌芹菜

原料 嫩芹菜350克，牛肉200克。

调料 精盐、香油、辣椒油各1小匙，白糖、米醋、味精各适量，料酒2小匙。

制作步骤 method

① 芹菜择洗干净，下入沸水锅中焯熟，捞出，切段，放入大碗内；牛肉洗净，切丝。

② 牛肉丝放入碗中，加入料酒、精盐拌匀，再加入水淀粉上浆，入沸水锅中焯熟，捞入芹菜碗中。

③ 香油、辣椒油放入小碗中，加入精盐、米醋、味精、白糖，调成味汁，浇在牛肉丝上，拌匀即可。

051 青城道家老泡菜

原料 白萝卜、黄瓜、大红辣椒、菜心各适量。

调料 老姜、蒜瓣、花椒、甘草、子姜、精盐、白酒各适量。

制作步骤 method

① 白萝卜、黄瓜、大红辣椒、菜心分别洗净。

② 白萝卜、胡萝卜切块；黄瓜切成两半；老姜去皮，洗净；蒜瓣去皮，洗净，拍散。

③ 锅放清水烧沸，放入辣椒、花椒、老姜、甘草、子姜、蒜瓣、精盐和白酒烧沸，转小火熬煮成泡菜汁，出锅倒在洗净的泡菜坛内，晾凉。

④ 把各种加工好的蔬菜晾干水分，放入泡菜坛内拌匀，盖上盖，置阴凉通风处腌泡入味。

052 糊辣银芽肉丝

原料 猪肉200克，绿豆芽100克，干辣椒20克。

调料 姜丝6克，花椒5粒，精盐1/2小匙，味精少许，白糖、酱油、米醋各1小匙，料酒2小匙，水淀粉、清汤、植物油各适量。

制作步骤 method

① 绿豆芽去根、豆瓣，洗净；猪肉洗净，切成丝，加入料酒、精盐、水淀粉码味上浆；酱油、白糖、米醋、料酒、味精、清汤、水淀粉调成味汁。

② 锅内加油烧至五成热，下入干辣椒、花椒炸成棕红色，再放入肉丝、姜丝煸炒，然后加入银芽炒熟，最后烹入味汁炒匀，起锅装盘即成。

053 鱼香肉丝

原料 瘦猪肉200克，水发木耳30克，水发玉兰片100克，泡辣椒25克。

调料 葱末、蒜末、精盐各适量，白糖、淀粉各3小匙，酱油、米醋各2小匙，植物油2大匙。

制作步骤 method

① 猪肉洗净，切丝，加精盐、水淀粉调匀浆好；木耳、玉兰片切丝；泡辣椒切末。

② 将白糖、酱油、米醋、精盐、少量水淀粉放入碗中，调成芡汁待用。

③ 锅中加油烧热，倒入肉丝、泡辣椒末、葱末、姜末、蒜末、玉兰片、木耳，倒入芡汁，翻匀即成。

054 麻辣肉片

原料 猪肉片300克，菜心100克，鸡蛋清1个。

调料 酱油2小匙，料酒2小匙，姜末5克，郫县豆瓣10克，精盐1/3小匙，味精1/4小匙，白糖1小匙，花椒3克，植物油700克。

制作步骤 method

① 猪肉片放入碗内加鸡蛋清、精盐、鸡精、料酒、淀粉拌匀；青菜心洗净切成段；豆瓣、花椒均捣碎；酱油、料酒、白糖、淀粉、熟芝麻粉、姜末、鸡精调成汁芡。

② 锅中加油烧热，放入肉片滑散，倒出沥油。

③ 锅内留油，放入青菜心煸炒至断生，加花椒、豆瓣煸炒，烹入汁芡，加肉片翻炒，出锅装盘。

055 过桥百叶

★ ★ 难度

原料 ingredients

牛百叶 ················ 300克
熟芝麻 ················ 25克

调料 condiments

香葱 ················ 15克
精盐 ················ 1小匙
白糖 ················ 1小匙
味精 ················ 1小匙
香油 ················ 2小匙
料酒 ················ 少许
辣椒油 ················ 1大匙

制作步骤 method

① 将牛百叶漂洗干净，切成8厘米见方的大片，放入沸水锅内，加入料酒汆烫一下，捞出用冷水过凉，沥去水分，码放在大盘内；香葱洗净，切成葱花。

② 碗中加入精盐、味精、白糖、辣椒油、香葱花、熟芝麻和香油调匀成味汁，浇淋在牛百叶上即成。

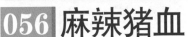

056 麻辣猪血

原料 猪血500克，豆腐100克。

调料 葱段、姜末、蒜片、红干椒、花椒粒、精盐、鸡精、料酒、高汤、植物油各适量。

制作步骤 method

① 将猪血、豆腐分别洗净，切成骨牌块，再放入加有少许料酒的沸水中焯烫一下，捞出沥干。

② 锅中加油烧热，先下入葱段、姜末、蒜片炒出香味，再放入猪血块、豆腐块轻轻翻炒均匀，然后加入精盐、鸡精、料酒、高汤煨至入味，起锅盛入碗中。

③ 净锅上火，加油烧热，放入花椒粒、红干椒炸香，浇在猪血豆腐上即可。

057 苦瓜炒肉丝

原料 苦瓜丝300克，里脊肉丝100克，青椒丝、红椒丝各30克。

调料 姜丝5克，精盐、味精、白糖、白醋、生抽、水淀粉、植物油各适量。

制作步骤 method

① 猪里脊肉丝加入水淀粉、生抽、白糖、精盐、味精拌匀。

② 锅置火上，加油烧热，下入姜丝爆香，放入猪肉丝略炒至变色，盛出沥油。

③ 锅中加入底油烧热，下入青椒丝、红椒丝和猪肉丝爆香，放入苦瓜丝炒匀，加入调料炒至入味，出锅装盘即可。

058 麻辣牛肉串

原料 牛肉200克。

调料 精盐、咖喱粉1/2小匙，辣椒粉2小匙，花椒粉1小匙，蚝油调味汁、料酒各3大匙，酱油1大匙，水淀粉2大匙，植物油适量。

制作步骤 method

① 牛肉洗净，沥水，切成片，加入料酒、酱油、精盐、水淀粉拌匀上浆，腌渍片刻，将腌渍好的牛肉片加入咖喱粉拌匀，用竹扦串好。

② 炒锅中加入植物油烧五成热时，放入牛肉串炸至肉片变色至熟，捞出沥油。

③ 将辣椒粉与花椒粉拌匀，撒在牛肉串上，随带蚝油调味汁上桌蘸食即可。

059 酸辣双脆

原料 海蜇皮、鲜鱼皮各100克，绿豆芽50克，芹菜花、熟芝麻各10克。

调料 葱花8克，精盐、味精、花椒粉各1/2小匙，白糖、陈醋各1小匙，辣椒油4小匙。

制作步骤 method

① 海蜇皮洗净，切丝；鲜鱼皮洗净，切丝，均放入沸水锅中焯烫熟，捞出晾凉。

② 绿豆芽洗净，焯至断生，捞出晾凉，取一盘子，先放入绿豆芽，再放入海蜇丝、鱼皮丝。

③ 碗中加入精盐、味精、生抽、花椒粉、陈醋、白糖、香油、辣椒油调匀成味汁，浇淋于菜肴上，撒上葱花、芹菜花、熟芝麻即成。

060 酸辣香牛排

原料 牛排2片，洋葱1个，芹菜段少许。

调料 蒜泥10克，精盐、胡椒粉各适量，酱油4大匙，米醋1小匙，辣椒油少许，植物油2大匙。

制作步骤 method

① 牛排片放入碗中，加入精盐、胡椒粉拌匀；洋葱去皮、洗净，切成片，放入清水中浸泡。

② 平底锅置火上，加入植物油烧热，放入牛排片煎至两面呈金黄色、熟嫩时，取出沥油。

③ 切成薄片，搭配洋葱片和芹菜段码入盘中，再将酱油、蒜泥、米醋、辣椒油调匀，浇淋在肉片上即可。

061 菠菜辣汁鸡

原料 鸡腿肉1只，菠菜50克。

调料 土豆1个，荷兰豆50克，大蒜20克，精盐1小匙，胡椒1/2小匙，红辣椒1根，生粉50克，淡奶10克，辣椒粉1/2小匙，植物油50克。

制作步骤 method

① 鸡腿去骨，加入精盐、辣椒腌制10分钟，锅中加油烧热，放入鸡腿煎熟，取出切条，放入盘中；土豆切片，洗净；荷兰豆洗净。

② 锅内放入少许植物油烧热，放入土豆、荷兰豆炒熟放入盘中，将大蒜、菠菜炒一下搅碎，加入精盐、淡奶、胡椒、辣椒粉、勾芡制成汁浇在鸡腿上即可。

062 麻辣鸡胗

原料 鸡胗250克，芹菜段、红椒丝各适量。

调料 姜片3克，葱丝5克，花椒粒、精盐、鸡精、辣椒粉、香油各适量。

制作步骤 method

① 鸡胗去除筋膜，洗净；芹菜段、红椒丝分别入水焯烫，捞出过凉，沥水。

② 锅置火上，加入适量清水烧沸，下入花椒粒、姜片、精盐、鸡精，放入鸡胗，小火卤10分钟至熟，捞出用冷水过凉，沥水，剞上花刀。

③ 将鸡胗、芹菜段、红椒丝、葱丝放入容器内，加入辣椒粉、精盐、鸡精、香油拌匀即可。

063 尖椒干豆腐

原料 干豆腐300克，青尖椒75克。

调料 葱末、姜末各5克，料酒2小匙，酱油1大匙，精盐1小匙，味精1/2小匙，白糖、水淀粉各少许，老汤、植物油各2大匙。

制作步骤 method

① 将干豆腐切成1厘米宽、5厘米长的小条；青尖椒去蒂，去籽，洗净，切成长条。

② 锅内加入植物油烧至六成热，下入葱姜末炝锅，加入料酒、酱油、精盐、白糖和老汤。

③ 再放入干豆腐条烧透，加入青尖椒片、味精炒匀，用水淀粉勾芡，出锅装盘即成。

★ ★ 难度

★★ 难度

064 麻辣鸡肝

原料 鲜鸡肝300克。

调料 姜片10克,葱段15克,白糖、香油各1/3小匙,精盐、味精、酱油各1/2小匙,花椒油1小匙,辣椒油、料酒各2大匙。

制作步骤 method

① 将鲜鸡肝洗涤整理干净,放入沸水锅中焯一下,捞起过凉,去除筋膜与杂质。

② 锅中加入清水、姜片、葱段、料酒烧沸,再放入鸡肝煮熟,捞出切片,整齐地摆放入盘中。

③ 盆中加入精盐、味精、白糖、酱油、香油、花椒油、辣椒油充分调匀成味汁,淋入盘中鸡肝上即成。

065 杭椒炒虾皮

原料 杭椒250克,鲜虾皮50克,红辣椒条25克。

调料 大葱末、姜片末各5克,精盐、味精、鸡粉各1/3小匙,淀粉适量,料酒1大匙,清汤少许,植物油500克(约耗50克)。

制作步骤 method

① 鲜虾皮用清水泡透,冲洗干净,捞出沥干。

② 锅中加油烧热,放入杭椒滑透,捞出沥油。

③ 锅置火上,加油烧热,下入葱、姜末炒香。

④ 烹入料酒,放入泡好的虾皮和红椒条煸炒片刻,再加入精盐、味精、鸡粉和清汤烧沸,然后放入杭椒,用旺火快速翻炒均匀。

⑤ 用水淀粉勾薄芡,即可出锅装盘。

★ 难度

066 泡椒鲜虾

★ ★ 难度

原料 ingredients

鲜虾仁…………………… 200克

泡灯笼椒…………………… 100克

调料 condiments

精盐…………………… 1/2小匙

味精…………………… 1/2小匙

香醋…………………… 1/2小匙

白糖…………………… 少许

酱油…………………… 1小匙

葱油…………………… 1小匙

柱侯酱…………………… 4小匙

鱼露…………………… 1/2大匙

香油…………………… 5小匙

制作步骤 method

① 鲜虾仁去沙线，用清水洗净，放入沸水锅中焯至断生，捞出晾凉；泡灯笼椒切成2厘米见方的菱形块。

② 精盐、酱油、鱼露、柱侯酱放入大碗中调匀，再加入味精、白糖、香醋、葱油、香油搅拌均匀，然后放入虾仁、泡灯笼椒块拌匀，装盘即成。

067 香辣茄鸡煲

原料 净鸡腿1只,茄子块200克。

调料 葱末、蒜末、精盐、白糖、料酒、酱油、米醋、辣豆瓣、淀粉、水淀粉、植物油各适量。

制作步骤 method

① 鸡腿切块,用料酒、酱油、淀粉腌拌,再入油略滑;茄子块放入精盐水中浸泡一下,捞出。

② 锅中加油烧热,炒香蒜末、辣豆瓣,放入茄子、鸡块,加入精盐、料酒、酱油、白糖、米醋烧至入味,用水淀粉勾芡,撒上葱末,即可出锅。

068 辣炝西蓝花

原料 西蓝花450克。

调料 红干辣椒末5克,精盐1/2大匙,味精、白糖、植物油各1小匙,香油1/2小匙。

制作步骤 method

① 西蓝花掰成大小均匀的小块,洗净,放入淡盐水中浸泡10分钟左右,捞出沥水。

② 锅中加入香油烧热,倒入盛有红干辣椒末的小碗中炸香,再加入精盐、味精、白糖调匀。

③ 锅中加入清水、植物油烧沸,下入西蓝花块焯约2分钟,捞出沥水,再放入冷水中浸泡2分钟至凉透,捞出沥水,放入大碗中,浇入调好的辣椒油味汁翻拌均匀,装盘上桌即可。

069 椒香鱼片汤

原料 净草鱼肉400克,金针蘑200克,鸡蛋清1个。

调料 葱段50克,老姜片20克,花椒15克,精盐、味精、鸡精各1小匙,胡椒粉1/2小匙,淀粉4小匙,料酒2大匙,清汤750克,植物油100克。

制作步骤 method

① 将草鱼肉片成大片,加入料酒、鸡蛋清、淀粉拌匀;金针蘑去根、洗净,放入沸水锅中略煮,捞出,盛入汤碗内垫底。

② 锅中加油烧热,下入葱姜、花椒、清汤、调料烧沸,放入鱼片煮熟,出锅倒在汤碗内即成。

070 爆鸡杂

原料 鸡肝、鸡胗、鸡肠各200克，红干椒少许。

调料 葱段50克，精盐、酱油各1小匙，味精、鸡精各2小匙，植物油适量。

制作步骤 method

① 鸡肝、鸡胗分别洗涤整理干净，切成片；鸡肠洗净，切段，下入沸水中略焯，捞出沥干。

② 锅加油烧热，下入鸡肝、鸡胗滑熟，捞出沥油。

③ 锅中留底油烧热，下入红干椒炒香，再放入鸡肝、鸡胗、鸡肠略炒，然后加入精盐、味精、鸡精、酱油、香葱段炒匀，即可出锅装盘。

★★ 难度

★★★ 难度

071 红油肉末面

原料 刀切宽面条300克，牛肉末75克，油菜50克。

调料 干辣椒15克，葱末、姜末各10克，豆瓣酱1大匙，精盐、味精、排骨精、酱油、料酒各适量，汤700克，红油1大匙，植物油3大匙。

制作步骤 method

① 油菜洗净，切段；干辣椒洗净，切丝。

② 锅内加油烧热，放入干辣椒丝炸香，下入牛肉末炒至变色，放入豆瓣酱、葱末、姜末炒香，加入清汤烧开，下入刀切面，用中火煮至微熟。

③ 加入料酒、精盐、排骨精、酱油、油菜段、味精烧开，淋入红油，出锅装入汤碗内即成。

★★★ 难度

072 香辣鹅肉串

原料 鹅腿肉300克。

调料 葱姜汁、辣椒粉各1小匙，孜然、芝麻各5克，精盐、味精、白糖各1/2小匙，料酒1大匙，嫩肉粉少许，蛋清25克，植物油适量。

制作步骤 method

① 鹅腿肉去皮、去骨，洗净，切成小片，加入葱姜汁、蛋清、精盐、味精、白糖、料酒、嫩肉粉腌制30分钟，再用竹签串成串备用。

② 坐锅点火，加油烧至四成热，下入鹅肉串炸至熟透，捞出沥油待用。

③ 锅中留底油烧热，下入孜然、芝麻、辣椒粉炒出香味，再放入鹅肉串炒匀，即可出锅装盘。

073 麻辣四季豆

★ ★ 难度

原料 ingredients

四季豆……………… 150克
青辣椒……………… 2个
红辣椒……………… 2个

调料 condiments

葱末……………… 少许
蒜末……………… 少许
精盐……………… 1小匙
酱油……………… 1小匙
花椒粉……………… 1/2小匙
辣椒油……………… 1/2小匙
香油各……………… 1/2小匙
白糖……………… 少许
鸡精……………… 少许
米醋……………… 少许
植物油……………… 1大匙

制作步骤 method

① 青辣椒、红辣椒去蒂，去籽，用清水洗净，切成碎末，放入碗内。

② 再加入葱末、蒜末、酱油、花椒粉、白糖、鸡精、米醋、辣椒油和香油拌匀成椒麻汁。

③ 四季豆去掉豆筋，洗净，切成小段，放入沸水锅内，加入精盐和植物油焯烫至熟嫩，捞出四季豆，码入盘中，淋入椒麻汁拌匀即成。

074 鸡蛋炒尖椒

原料 鸡蛋4个,尖椒100克。

调料 葱花5克,精盐1/2小匙,香油少许,葱油50克。

制作步骤 method

① 将鸡蛋磕入碗中,加入少许精盐搅拌均匀;尖椒去蒂及籽,洗净后切片。

② 坐锅点火,加入葱油烧热,倒入鸡蛋液炒成蛋花,盛出沥油。

③ 锅中留底油烧热,先下入葱花炒香,再放入尖椒片、精盐、香油、蛋花翻炒均匀,即可出锅装盘。

075 冬笋炒腊肉

原料 腊肉、冬笋各300克,红椒、青椒各适量。

调料 蒜蓉25克,干辣椒、精盐、味精、料酒、酱油、豆豉、鸡汤、植物油各适量。

制作步骤 method

① 腊肉洗净,切片,放入沸水锅内焯烫片刻,捞出沥水。

② 冬笋去根,削去外皮,洗净,切成菱形片;青椒、红椒去蒂和籽,洗净,沥水,切成小块。

③ 锅中加油烧热,下入蒜蓉、豆豉和干辣椒段炒香,再放入腊肉片、冬笋片、青椒块和红椒块炒匀,烹入料酒,加入酱油、精盐、鸡汤烧沸,调入味精炒匀,出锅装盘即可。

076 肉碎麻辣豆腐

原料 嫩豆腐3块,牛肉50克。

调料 葱末、蒜末各10克,精盐、鸡精各1/2小匙,辣椒粉、花椒粉各1大匙,辣豆豉1小匙,水淀粉、植物油各适量。

制作步骤 method

① 豆腐洗净,切丁,入水焯烫,捞出沥干;牛肉洗净,切丁;辣豆豉碾碎,与花椒粉混合均匀。

② 锅中加油烧热,下入葱末、蒜末炒香,再到入牛肉丁炒至半熟。

③ 然后放入豆腐丁,加入调料炒至均匀入味,用水淀粉勾芡,即可出锅装盘。

077 川香茄子

原料 茄子500克，青椒粒、红椒粒各15克。

调料 红泡椒10克，豆瓣酱2小匙，白糖2大匙，味精1小匙，水淀粉1大匙，植物油适量。

制作步骤 method

① 茄子去蒂，洗净，擦净表面水分，切成两半，在皮面剞上十字花刀。

② 锅置火上，加入植物油烧至八成热，下入茄条炸至金黄色，取出沥油。

③ 锅留底油烧热，先下入青椒粒、红椒粒、红泡椒、豆瓣酱炒香，再放入炸透的茄子烧约2分钟，加入白糖、味精调味，勾薄芡，装盘即可。

078 酸辣豆腐汤

原料 豆腐150克，午餐肉15克，香菇片、木耳片、冬笋片各10克。

调料 姜末、葱花、精盐、味精、胡椒粉、米醋、水淀粉、辣椒油、植物油各适量。

制作步骤 method

① 豆腐洗净，切成条，入水焯烫5分钟，捞出沥水；午餐肉切成片。

② 锅中加油烧热，下入姜末炒香，再放入鲜汤、胡椒粉、精盐、米醋和所有原料烧至入味。

③ 用水淀粉勾薄芡，然后加入葱花、味精、辣椒油推匀，起锅装入大碗中即成。

079 辣汁银鳕鱼

原料 银鳕鱼4块，面包糠75克，蛋奶液适量。

调料 精盐、胡椒粉、芥末粉、辣椒粉、黄油、淀粉、柠檬汁、植物油各适量。

制作步骤 method

① 将银鳕鱼块洗净，切成大片，放入容器中，加入精盐、胡椒粉拌匀略腌。

② 把腌渍好的鳕鱼片拍匀淀粉，粘上芥末粉，拖上蛋奶液，裹匀面包糠并轻轻压实，下入五成热的油锅中煎至熟，取出装盘。

③ 锅置火上，加入黄油烧至熔化，再加入柠檬汁、辣椒粉、精盐搅匀，起锅浇在鱼片上即成。

080 泡椒石斑鱼

原料 石斑鱼750克,青笋条100克,泡椒末75克。

调料 姜片5克,精盐、胡椒粉、料酒各1小匙,味精1/2小匙,酱油、水淀粉各2小匙,醪糟汁50克,鲜汤、植物油各100克。

制作步骤 method

① 将石斑鱼洗涤整理干净,切成长条。

② 锅中加油烧热,放入石斑鱼炒散,再下入泡椒末、姜片炒香,烹入料酒,放入青笋条略炒。

③ 然后加入鲜汤、精盐、醪糟汁、酱油烧约8分钟,再加入精盐、胡椒粉调匀,勾芡即可。

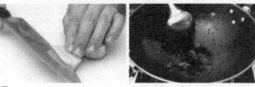

081 川椒炝黄瓜

原料 鲜嫩黄瓜300克。

调料 花椒20粒,干辣椒段10克,精盐1小匙,味精1/2小匙,植物油4小匙。

制作步骤 method

① 黄瓜去蒂,洗净,切成段,用刀尖把黄瓜瓤去掉,再切成小条,放入盘中,加入精盐拌匀。

② 锅置火上,加入植物油烧热,下入干辣椒段、花椒炒出香味。

③ 再放入黄瓜条,加入味精炝炒均匀,盛入盘中晾凉即可。

★★★ 难度

082 炝锅鱼

原料 鲶鱼1条，豆腐块、西芹丁各100克，鸡蛋液75克，小白菜段、干红辣椒各20克。

调料 葱花、姜丝、淀粉各少许，精盐、鸡精各1小匙，白糖、味精各1/2小匙，植物油适量。

制作步骤 method

① 鲶鱼洗涤整理干净，去骨取净肉，切片，放碗中，加入鸡蛋液、淀粉拌匀，再下入油锅中冲炸一下，捞出沥油；豆腐块下入油锅中略炸。

② 锅中加油烧热，下入葱花、姜丝、干红辣椒炒香，再放入鲶鱼片、西芹丁、豆腐块、小白菜段，加入精盐、白糖、味精、鸡精烧入味，出锅即可。

 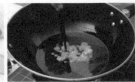

083 鸡粒榨菜鲜蚕豆

原料 鸡胸肉200克，咸榨菜150克，鲜蚕豆100克，鸡蛋清1个。

调料 葱花、姜末各10克，精盐、味精各1小匙，白糖2小匙，淀粉、料酒、植物油各2大匙。

制作步骤 method

① 榨菜洗净，切成小粒；鸡肉洗净，切成粒，加入少许精盐、料酒、鸡蛋清、淀粉拌匀，再放入热油锅中滑熟，捞出沥油。

② 鲜蚕豆洗净，与榨菜粒一起放入沸水锅内焯烫一下，捞出沥水，加上熟鸡肉粒、葱花、姜末、精盐、味精、白糖拌匀，装盘上桌即可。

★ ★ 难度

084 雪菜毛豆鸡丁

★★★ 难度

原料 ingredients

鸡胸肉·················· 300克
雪里蕻·················· 40克
毛豆····················· 15克
红辣椒末·············· 10克

调料 condiments

精盐····················· 少许
鸡精···················· 1/2小匙
酱油····················· 1大匙
料酒····················· 1小匙
淀粉····················· 适量
香油····················· 适量
植物油·················· 2大匙

制作步骤 method

① 鸡肉洗净，切丁，放入碗中，加入酱油、淀粉抓匀；雪里蕻洗净，切末；毛豆去皮、洗净。

② 锅中加油烧热，下入辣椒末、毛豆炒香，再加入鸡肉丁，放入雪里蕻翻炒至熟。

③ 然后加入精盐、鸡精、料酒炒至入味，淋入香油，即可出锅装碗。

085 酸辣鱿鱼

原料 鱿鱼头300克，水发海米50克，香菜段15克。

调料 精盐1小匙，味精、胡椒粉各少许，料酒、酱油各1大匙，白醋2大匙，花椒油4小匙。

制作步骤 method

① 八带鱼头洗涤整理干净，切段，再放入沸水锅中略烫，捞出沥水；水发海米洗净。

② 锅中加入花椒油烧热，先烹入白醋，再加入适量清水、海米、酱油、精盐、味精、料酒、胡椒粉烧沸。

③ 撇去浮沫，然后放入八带鱼头、香菜段烧沸，即可出锅装碗。

086 豉椒蒸扇贝

原料 活扇贝10只，青椒丁、红椒丁各15克。

调料 葱末、蒜末各10克，味精、蚝油、一品鲜酱油、白糖、豆豉、胡椒粉、香油各少许，料酒2小匙，植物油2大匙。

制作步骤 method

① 扇贝刷洗干净；豆豉剁碎，与蒜末分别下入热油锅中滑散，再加入蚝油、酱油、白糖、胡椒粉、味精、香油、料酒拌匀，制成蒜泥豉汁。

② 将扇贝摆入盘中，浇上蒜泥豉汁，放入沸水蒸锅中蒸3分钟至熟，取出后撒上青椒丁、红椒丁、香葱末，再淋入热油即成。

087 蚂蚁上树

原料 粉丝75克，牛肉50克，香葱15克。

调料 郫县豆瓣2大匙，精盐1小匙，鲜汤250克，料酒、酱油各1/2大匙，植物油适量。

制作步骤 method

① 净牛肉放在案板上，剁成碎粒；把郫县豆瓣剁成细蓉；香葱去根和老叶，洗净，切段。

② 锅中加油烧热，下入粉丝炸至起泡膨松，捞出沥油，锅内留少许底油，复置火上烧热，下入牛肉粒，小火煸炒至酥香，出锅。

③ 锅复置火上，加油烧热，下入郫县豆瓣炒香，加入鲜汤、精盐、料酒、酱油煮沸，放入粉丝和牛肉末，加上葱段调匀，出锅装盘即成。

088 酸辣鲅鱼丸子

原料 净鲅鱼肉200克，猪肥肉末100克，香菜末30克，鸡蛋液、泡椒末各适量。

调料 精盐、味精、胡椒粉、白醋、葱姜水、花椒水、高汤、香油各适量。

制作步骤 method

① 将鲅鱼肉剁成细蓉，加入葱姜水、花椒水搅拌上劲，再加入肥肉末、鸡蛋液、精盐、味精、胡椒粉搅拌均匀，下成直径2厘米的小圆丸。

② 锅置火上，加入高汤、鱼丸、泡椒末，用慢火烧开，撇去浮沫，待丸子熟后，加入精盐、味精、白醋、胡椒粉、香油、香菜末调匀即成。

★ ★ 难度

★ ★ 难度

089 干煸鱿鱼丝

原料 干鱿鱼150克，芹菜丝100克。

调料 干红辣椒15克，姜丝5克，料酒1大匙，精盐1小匙，酱油2小匙，味精少许，辣椒油适量，植物油2大匙。

制作步骤 method

① 干鱿鱼切丝，把鱿鱼丝放入温水中浸泡并洗净，捞出，挤去水分；干红辣椒洗净，去蒂。

② 炒锅置中火上，加油烧热，倒入鱿鱼丝和姜丝煸炒片刻，烹入料酒翻炒均匀，加入干辣椒煸炒出香辣味，加入芹菜丝炒匀至熟。

③ 放入精盐和酱油炒出香味，加上味精，淋上辣椒油，出锅装盘，上桌即成。

090 水浒肉

原料 猪里脊肉200克，豌豆苗80克，青蒜段25克，鸡蛋清1个。

调料 干辣椒10克，花椒、白糖、味精、酱油、植物油各适量，精盐1小匙，淀粉1大匙。

制作步骤 method

① 猪里脊肉切成薄片，加入鸡蛋清和淀粉拌匀；豌豆苗放入锅中，加入精盐、味精炒熟，盛出。

② 干辣椒、花椒放入油锅中炒香，出锅剁碎。

③ 锅中加油烧热，放入里脊片、酱油、味精、白糖炒至熟嫩，出锅倒在豌豆苗上，撒上辣椒碎、花椒碎即可。

★★★ 难度

091 巧蒸香辣豆腐

★★★ 难度

原料 ingredients

豆腐·························· 1块
泡红辣椒·················· 20克
香菜························· 25克

调料 condiments

姜末·························· 适量
蒜末·························· 适量
葱花·························· 适量
桂皮·························· 适量
香叶·························· 适量
精盐·························· 适量
鸡精·························· 适量
白糖·························· 适量
米醋·························· 适量
蚝油·························· 适量
香油·························· 适量

制作步骤 method

① 将桂皮剁成小块，用沸水泡成桂皮水；香叶切碎；泡红辣椒去蒂，切碎；香菜洗净，切碎。

② 碗中加入泡红辣椒碎、姜末、桂皮水、香叶、精盐、蚝油、白糖、米醋、蒜末、鸡精、香菜末，顺一方向搅拌成味汁。

③ 豆腐洗净，切成片，放碗中，浇上味汁，上屉蒸10分钟，出锅后撒入葱花，淋入香油即可。

Part 3

20分钟
巧手菜品

鲜咸香辣

下饭菜

001 火爆双脆

★ ★ 难度

原料 ingredients

猪肚头	250克
鸡胗	250克
冬笋	25克
青红椒	25克

调料 condiments

葱段	5克
姜片	5克
蒜片	5克
泡红辣椒	25克
料酒	适量
豆瓣	适量
豆鼓	适量
白糖	适量
味精	适量
辣椒油	适量
香油	适量
植物油	适量

制作步骤 method

① 猪肚头漂洗干净，沥水，从内面交叉剞上十字花刀，再切成约2厘米见方的小块。

② 鸡胗去掉筋皮，对剖为二，内侧交叉直剞上细花，每半边再改切成两块；冬笋、青红椒洗净，切成块；泡红辣椒切段。

③ 净锅置火上，放入熟猪油烧热，下入葱段、姜片、蒜片、肚头和鸡胗爆炒至发白，加入泡红辣椒、冬笋、青红椒和调料快速炒匀，出锅即成。

002 黄瓜拌猪心

原料 生猪心400克，黄瓜100克，红辣椒圈少许。

调料 蒜泥12克，一品鲜酱油2大匙，料酒、米醋各1大匙，辣椒油2小匙，香油1小匙。

制作步骤 method

① 生猪心剖成两半，洗净，取一不锈钢锅，加入清水烧开，放入料酒、猪心烧开。

② 转中火煮约30分钟，用筷子能叉透表示已熟，捞出冲凉，沥水，切成片。

③ 黄瓜洗净，切块，再放入熟猪心片，加入红辣椒圈、一品鲜酱油、米醋、香油、辣椒油、蒜泥调拌至均匀入味，装盘上桌即成。

003 盐煎肉

原料 猪腿肉1块（约350克），青蒜苗50克。

调料 郫县豆瓣1大匙，精盐少许，白糖1小匙，豆豉、酱油各1/2大匙，熟猪油2大匙。

制作步骤 method

① 猪腿肉切薄片；青蒜苗洗净，切成马耳朵形的小段。

② 炒锅置旺火上烧热，放入熟猪油烧至七成热，加入切好的猪肉片煸炒至变色。

③ 加入精盐，再反复翻炒至肉片吐油，放入郫县豆瓣和豆豉炒上颜色，放入酱油和白糖炒拌均匀，最后加入青蒜苗段，颠锅翻炒至断生，出锅装盘上桌即可。

004 怪味鸡块

原料 净仔鸡1只（约1000克）。

调料 芝麻酱1大匙，鸡汤3大匙，精盐少许，酱油、米醋、白糖各少许，味精、花椒粉、辣椒油、香油各适量。

制作步骤 method

① 净仔鸡洗净，放入锅内，注入清水，放入葱段和姜片烧沸，用小火将仔鸡煮至刚熟，端锅离火，把仔鸡浸泡在原汤内，待晾凉后取出。

② 把煮熟的仔鸡去骨，剁块，放入盘内。

③ 将芝麻酱放在碗里，先用鸡汤调开，再加入酱油、米醋、味精、白糖、香油、辣椒油和花椒粉调成怪味汁，淋在盘内鸡块上即成。

005 火爆肚头

原料 猪肚头500克，青椒块、红尖椒块各25克，泡红辣椒段15克。

调料 葱姜末、蒜蓉各5克，精盐1小匙，清汤2大匙，味精、胡椒粉、水淀粉、花椒油各适量，植物油3大匙，花椒油2小匙。

制作步骤 method

① 猪肚头洗净，在内侧斜剞上十字交叉花刀，再切块，放入沸水锅内稍烫片刻，捞出控水。

② 精盐、清汤、味精、胡椒粉和水淀粉对成芡汁；锅中加油烧热，放入泡辣椒、葱姜末、蒜蓉炝锅，下入青椒块、红椒块、肚头，烹入芡汁，翻炒均匀，淋上花椒油，出锅装盘即可。

006 乐山牛肉豆腐脑

原料 豆花250克，粉丝25克，酥肉粒、芹菜末、香葱末、香菜末、花生米、大头菜各适量。

调料 花椒粉、酱油、米醋、辣椒油、味精、鸡精、水淀粉、猪骨汤、牛肉红烧汤汁各适量。

制作步骤 method

① 猪骨汤放入锅内烧沸，倒入水淀粉，搅拌至黏稠，把豆花放入汤汁中，轻轻调匀。

② 粉丝泡发，放入汤锅内烫熟，捞出放在大碗内，再加上花椒粉、酱油、米醋、辣椒油、味精、鸡精、大头菜粒调匀。

③ 舀入豆花汤汁\牛肉红烧汤汁，撒上酥肉粒、芹菜末、香葱末、香菜末和花生米，上桌即可。

007 泡菜拌豆腐

原料 嫩豆腐1盒，朝鲜泡菜100克，猪肉馅、萝卜干各50克，生菜少许。

调料 葱花10克，精盐、朝鲜辣酱、白酒、生抽、香油各1/2小匙，植物油2大匙。

制作步骤 method

① 嫩豆腐用沸水略焯，捞出过凉，切成小块。

② 泡菜切碎，沥去汁液；萝卜干洗净、切碎。

③ 锅中加油烧热，放入猪肉馅炒散，加入萝卜干、辣酱、精盐、白酒、生抽、香油炒匀成肉酱。

④ 将生菜、豆腐、泡菜放入盘中，浇上肉酱，撒上葱花即可。

008 小煎鸡

★★ 难度

原料 鸡腿肉300克，莴笋100克，芹黄25克。

调料 姜片、蒜片各5克，精盐、米醋、白糖各1小匙；料酒、泡红辣椒各1大匙，淀粉、酱油、酱油、水淀粉各1/2大匙，熟猪油适量。

制作步骤 method

① 鸡腿肉切条，加上少许精盐、料酒和淀粉拌匀；莴笋切条，加精盐拌匀；芹黄切段；酱油、米醋、味精、白糖和水淀粉放碗里对成味汁。

② 锅中加油烧热，放入鸡肉条炒散，加入泡红辣椒、姜片、蒜片和料酒炒匀，再加入莴笋条和芹黄段炒至断生，烹入调好的味汁炒匀，出锅装盘即成。

009 椒油拌腰片

原料 猪腰2个(约400克)，莴笋片75克，胡萝卜片25克。

调料 姜丝、花椒、精盐、味精、胡椒粉各少许，酱油、米醋各1大匙，香油2大匙。

制作步骤 method

① 猪腰洗净，片成片，放入沸水锅中烫熟，捞出沥水。

② 锅中加入香油烧热，放入花椒炒香炸煳，趁热倒入姜丝碗中，浸拌几分钟出味，再加入酱油、精盐、米醋、味精和胡椒粉拌成味汁。

③ 放入猪腰片、莴笋片和胡萝卜片拌匀，放入冰箱内冷藏保鲜，食用时取出，装盘上桌即可。

★★★ 难度

★ ★ 难度

010 仔姜鸭脯

原料 鸭胸肉块300克，嫩姜块（仔姜）75克，冬笋块25克，蒜苗段15克，鸡蛋清1个。

调料 泡红辣椒段10克，精盐1小匙，淀粉1大匙，植物油500克（约耗75克），味精、香油各少许。

制作步骤 method

① 鸭胸肉块加上鸡蛋清、少许精盐和淀粉抓匀上浆；锅中加油烧热，放入鸭肉块、冬笋块冲炸一下，一起取出，沥油。

② 炒锅留底油烧热，放入泡红辣椒和姜块煸炒出香味，加入精盐、鸭肉块和冬笋块炒匀，放入味精，淋入香油，出锅装盘，上桌即成。

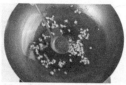

011 酱烧冬笋

原料 冬笋500克，猪肉50克，香葱15克。

调料 精盐、白糖、醪糟各少许，甜酱2大匙，鲜汤3大匙，植物油适量。

制作步骤 method

① 把冬笋切去笋根，剥去冬笋外壳，削去皮，用清水漂洗干净，取出，切成长5厘米的小条；猪肉切成小粒；香葱切成小段。

② 净锅置火上，放入植物油烧至六成热，下入冬笋条炸上颜色，捞出沥油。

③ 锅留少许底油烧热，放入甜酱，小火煸炒出香味，倒入炸好的笋条翻炒均匀。

④ 再加入鲜汤、精盐、白糖、醪糟，转小火烧至入味，撒上香葱段，出锅装盘即可。

★ ★ 难度

012 宫保鱿鱼卷

★ ★ ★ 难度

原料 ingredients

水发鱿鱼······· 400克

调料 condiments

干椒段······· 20克

蒜末······· 5克

花椒粒······· 5克

精盐······· 1/2小匙

白糖······· 1/2小匙

鸡精······· 1/2小匙

香油······· 1/2小匙

镇江香醋······· 1大匙

酱油······· 1大匙

料酒······· 1大匙

水淀粉······· 1大匙

植物油······· 2大匙

制作步骤 method

① 将水发鱿鱼撕去筋膜，洗净，切成两半，先剞上交叉花刀，再切成菱形块，然后放入热油锅中炸至卷起，捞出沥油。

② 锅留底油烧热，先下入干椒段炸出香辣味，再放入蒜末、花椒炒香。

③ 然后加入精盐、白糖、鸡精、香醋、酱油、料酒、香油、水淀粉炒至黏稠，放入鱿鱼卷迅速翻炒均匀，即可出锅装盘。

013 椒麻鸭掌

原料 鸭掌750克。

调料 葱段、姜片各15克，花椒10克，精盐、清汤、酱油、料酒、椒麻汁各适量。

制作步骤 method

① 鸭掌洗净，剥去表面黄膜，剁去掌尖，放入沸水锅内焯烫一下。

② 捞出鸭掌过凉，再放入清水锅中，加入料酒、葱段、姜片和花椒，旺火煮沸，转中火煮至六成熟。

③ 把鸭掌去掉筋、趾骨，盛在碗内，加上清汤、酱油、精盐和料酒，上屉蒸至软，取出，码放在盘内，再淋上椒麻汁，上桌即成。

014 蚝油海丁

原料 海丁400克，洋葱丁75克，香菜段15克。

调料 葱段、姜片各10克，精盐1小匙，料酒、蚝油各1大匙，味精、胡椒粉、味精、水淀粉、植物油各适量。

制作步骤 method

① 海丁洗净，加上少许料酒和植物油拌匀，腌泡10分钟；净锅置火上，放入清水、葱段、姜片烧沸，倒入海丁焯烫，捞出沥水。

② 锅中加油烧热，下入洋葱丁煸炒出香味，倒入海丁，放入蚝油，转中小火炒至入味。

③ 烹入料酒，加入精盐、味精和胡椒粉调好菜肴口味，勾芡，撒上香菜段，出锅装盘即可。

015 四川豆花面

原料 豆花150克，面条100克，红苕粉20克，花生米15克，油酥黄豆、腌大头菜粒各5克。

调料 葱花、花椒粉各少许，酱油2大匙，红油辣椒、芝麻酱各2小匙，植物油适量。

制作步骤 method

① 红苕粉加入清水泡透，搅匀成红苕粉汁；芝麻酱、酱油加入花椒粉、红油辣椒调匀；花生米入温油锅内炸酥，捞出压成碎粒。

② 锅中加入清水烧沸，倒入红苕粉汁，搅匀成浓汁，再舀入豆花烧沸；面条下入沸水锅中煮熟，捞出装碗，舀上豆花、花生米、黄豆、大头菜粒、葱花，带麻酱味碟上桌。

016 麻辣羊肉丁

原料 羊腿肉350克，冬笋丁50克，鸡蛋清1个。

调料 姜末、葱花各5克，辣椒粉、精盐各1小匙，酱油、料酒、味精、水淀粉、鲜汤、花椒水、淀粉、植物油各适量。

制作步骤 method

① 羊腿肉切成小丁，加上少许精盐、料酒、酱油、花椒水拌匀，再加上鸡蛋清和淀粉上浆。

② 锅中加油烧热，下入羊肉丁滑散，再倒入冬笋丁滑至熟嫩，滗去油。

③ 下入姜末、葱花、辣椒粉炒匀，烹入由精盐、酱油、味精、水淀粉、鲜汤对成的荧汁，旺火炒匀，出锅装盘，撒上花椒粉即成。

★★★ 难度

★ 难度

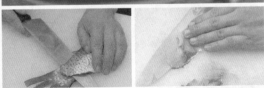

017 泡菜鱼片

原料 草鱼300克，泡萝卜50克，泡青椒、泡甜椒各10克。

调料 精盐、味精各1/2小匙，冷鲜汤2大匙，香油1/2大匙，白醋1大匙，姜汁4小匙。

制作步骤 method

① 草鱼去鳞、去鳃、除内脏，洗净后取鱼肉，切成约0.2厘米厚的鱼片；泡萝卜、泡青椒、泡甜椒分别切成小粒，放入盘中垫底。

② 坐锅点火，加入清水烧沸，放入鱼片焯烫至熟，捞出沥水，盖在泡菜粒上。

③ 精盐、味精、白醋、姜汁、香油、冷鲜汤放入碗中充分调匀，淋入盘中即成。

★★ 难度

018 怪味凉拌面

原料 宽面条200克。

调料 香葱花、蒜末各10克，花椒粉1小匙，味精、白糖、生抽、辣椒油各1/2小匙，芝麻酱2大匙，香醋、植物油各1大匙。

制作步骤 method

① 芝麻酱放入碗中，加入少许凉开水调匀，再加入胡椒粉、香醋、生抽、白糖、辣椒油、味精和植物油拌匀成怪味汁。

② 锅中加入清水烧沸，下入宽面条煮约8分钟至熟，捞出过凉，沥水，盛入碗中，再浇入怪味汁，撒上香葱花、蒜末即可。

019 水煮牛蛙

★★★ 难度

原料 ingredients

牛蛙·····················350克
生菜·····················150克

调料 condiments

葱段·····················适量
姜片·····················适量
蒜瓣·····················适量
干辣椒···················适量
辣椒粉···················适量
精盐·····················适量
鸡精·····················适量
料酒·····················适量
酱油·····················适量
植物油···················适量

制作步骤 method

① 将牛蛙剥皮、洗净，剁成大块，加入辣椒粉拌匀，再放入热油锅中炸至变色，捞出沥油。

② 锅留底油，复置火上烧热，先下入葱段、姜片、蒜瓣、干辣椒、少许辣椒粉炒出香辣味，再加入适量清水烧沸。

③ 然后放入牛蛙块，加入料酒、精盐、酱油煮至熟嫩，放入生菜叶，加入鸡精，出锅装碗即可。

020 榄菜剁椒四季豆

原料 四季豆400克,肉馅50克。

调料 榄菜50克,剁椒50克,葱20克,蒜30克,精盐、鸡精、酱油各1/2小匙,料酒1小匙,植物油2大匙。

制作步骤 method

① 将四季豆切成小粒;肉馅加入料酒搅拌一下;葱、蒜切末备用。

② 坐锅点火倒油,油热后下入葱、蒜爆香,加入肉馅炒变色。

③ 放入四季豆、榄菜、剁椒、剩余调料翻炒至熟,调至入味出锅即可。

021 葱爆羊肉

原料 净羊腿肉250克,大葱150克。

调料 蒜末5克,花椒盐1小匙,料酒、酱油、米醋、香油、精盐、水淀粉、植物油各适量。

制作步骤 method

① 羊腿肉切成大薄片,加入花椒盐、精盐、水淀粉、料酒拌匀;大葱洗净,切成大段。

② 炒锅烧热,加入植物油烧至六成热,放入羊肉片滑散,捞出沥油。

③ 锅留少许底油烧热,下入蒜末和葱段略煸,放入羊肉片、料酒、酱油、米醋、精盐炒匀,用水淀粉勾芡,淋上香油,出锅装盘即成。

022 虾爬肉炒时蔬

原料 卷心菜叶400克,虾爬子肉100克,鸡蛋清3个,水晶粉10克。

调料 朝天椒丝、葱花各5克,精盐、味精、鸡精各1小匙,老汤3大匙,植物油1大匙。

制作步骤 method

① 将卷心菜叶洗净,切成粗丝;水晶粉用清水泡发;鸡蛋清放入碗中搅打均匀。

② 锅中加少许底油烧热,先下入朝天椒丝炒香,再放入卷心菜丝炒匀,然后加入水晶粉、老汤、精盐、味精、鸡精炒至入味,再将虾爬子肉摆在卷心菜丝上,淋入鸡蛋清,待蛋清变白、汤汁收干时,盛入盘中,撒上葱花即可。

023 剁椒肝片

原料 猪肝250克，绿豆芽50克，小米辣椒30克。

调料 姜片、葱段各5克，精盐、味精、胡椒粉各1/2小匙，水淀粉1大匙，料酒2小匙，香油1小匙，鲜汤4小匙，植物油2大匙。

制作步骤 method

① 猪肝洗净，切成厚薄均匀的柳叶片，加入精盐、姜片、葱段、料酒拌匀，腌约10分钟，再放入沸水锅中汆至断生，捞出沥干，装入盘中。

② 锅中加油烧热，放入小米辣椒，用小火炒香出味，再添入鲜汤烧沸。

③ 然后加入精盐、胡椒粉、料酒、味精、香油，勾芡，起锅浇淋在猪肝片上即成。

024 干邑辣汁牛扒

原料 牛里脊300克，洋葱丝50克。

调料 葱末、蒜末各15克，小辣椒5克，橄榄油、鲜忌司各1小匙，芥末、白酒各1/2小匙，黄油1大匙，番茄酱2大匙，植物油3大匙。

制作步骤 method

① 牛肉切片，加芥末、葱末、蒜末渍10分钟。

② 锅中加油烧热，下入洋葱丝爆香，烹入白酒，加入适量清水、番茄酱炒成汁，煮开后换小火烧3分钟，放入忌司拌匀，盛出装碗。

③ 锅中放入黄油、橄榄油烧热，放入牛扒煎熟取出，将拌好的汁浇在上面即可。

025 芥末虾仁

原料 虾仁500克，黄瓜丁30克，胡萝卜丁200克。

调料 芥末油、葱油各1/2小匙，精盐、味精、白醋、白糖各少许。

制作步骤 method

① 将虾仁、黄瓜、胡萝卜分别洗净，用沸水焯熟，再用冷水泡凉，捞出沥干水分。

② 将虾仁、黄瓜、胡萝卜放入碗中，加入芥末油、葱油、精盐、味精、白醋、白糖搅拌均匀，装盘上桌即成。

026 爆炒鸡心

★★★ 难度

原料 鸡心250克，红辣椒丝30克。

调料 孜然2小匙，精盐1小匙，味精1/2小匙，胡椒粉少许，料酒1大匙，辣椒粉1/2大匙，植物油300克(约耗30克)。

制作步骤 method

① 将鸡心切开，洗净淤血，加入少许精盐、料酒、胡椒粉、淀粉拌匀，腌渍入味。

② 坐锅点火，加入植物油烧至六成热，放入鸡心滑散、滑熟，捞出沥油。

③ 锅中留底油烧热，放入红辣椒丝、鸡心略炒，再加入精盐、味精、孜然、辣椒粉炒匀即可。

027 榨菜炒肉

原料 猪里脊肉丝250克，涪陵榨菜丝100克，净冬笋丝25克。

调料 大葱段15克，精盐1/2小匙，料酒、淀粉各1大匙，酱油、味精各少许，植物油2大匙。

制作步骤 method

① 猪肉丝放在碗内，加上少许精盐、料酒和淀粉拌匀上浆。

② 炒锅置旺火上烧热，放入植物油烧至六成热，加入猪肉丝炒至散并变色。

③ 放入榨菜丝和冬笋丝翻炒均匀，加上酱油、味精调好口味，撒上葱段，旺火炒匀后出锅，装盘上桌即成。

★★★ 难度

★★★ 难度

028 辣子羊里脊

原料 羊里脊肉丁300克，青椒丁、冬笋丁各50克，鸡蛋清1个。

调料 葱末10克，姜末、蒜末各5克，精盐、白糖各1小匙，味精1/2小匙，酱油、料酒、香油各1大匙，辣椒酱、淀粉各3大匙，清汤、植物油各2大匙。

制作步骤 method

① 羊肉丁加入蛋清、淀粉、精盐、辣椒酱抓匀。

② 锅中加油烧热，先下入葱花、姜末、蒜末炒香，再放入羊里脊肉、青椒、冬笋略炒，然后加入料酒、酱油、白糖、味精翻炒，再添入清汤，用水淀粉勾芡，淋入香油炒匀即可。

029 麻婆豆腐

原料 石膏豆腐块400克，牛肉75克，青蒜苗段15克，干红辣椒段10克。

调料 姜末5克，蒜粒10克，精盐1小匙，豆豉、郫县豆瓣各1大匙，辣椒粉、花椒粉、味精、水淀粉各少许，肉汤150克，植物油3大匙。

制作步骤 method

① 把牛肉洗净，沥水，先切成黄豆大小的粒，再剁几刀成牛肉末；郫县豆瓣剁细。

② 锅中加油烧热，放牛肉末煸炒香，加入姜末、蒜粒、干辣椒、精盐和豆豉炒至牛肉入味，放入辣椒粉和郫县豆瓣，加入肉汤烧至沸。

③ 加入豆腐块，用小火烧至冒大泡时，加上味精推转，勾芡，使豆腐收浓味汁，加入蒜苗段炒至断生，起锅装盘，撒上花椒粉即成。

★ ★ 难度

030 铜井巷素面

★ ★ 难度

原料 ingredients

韭菜叶面条…………… 400克

调料 condiments

大葱………………… 适量

蒜瓣………………… 适量

豆豉………………… 适量

油辣椒……………… 适量

芝麻酱……………… 适量

香油………………… 适量

花椒粉……………… 适量

红酱油……………… 适量

味精………………… 适量

米醋………………… 适量

制作步骤 method

① 净锅置火上，放入清水烧沸，放入韭菜叶面条煮至熟，捞出，放在面碗内。

② 大葱去根，洗净，切成末；豆豉切碎；蒜瓣去皮，剁成蓉。

③ 把葱末、蒜蓉、豆豉放在碗内，加上油辣椒、芝麻酱、香油、花椒粉、红酱油、味精、米醋拌匀成味汁，淋在面条上即可。

031 香辣鱼丁

原料 净鱼肉丁400克，慈姑丁、去皮花生米各50克，鸡蛋清1个。

调料 姜末、蒜片、葱丁、干红辣椒段各20克，花椒、味汁（精盐、味精、白糖、酱油、料酒、米醋、鲜汤）、淀粉、植物油各适量。

制作步骤 method

① 净鱼肉丁加上鸡蛋清、淀粉、酱油、精盐拌匀上浆，放入油锅内滑散至熟嫩，捞出沥油。

② 锅留底油烧热，放入花椒、干红辣椒炒出香味，放入慈姑丁、鱼肉丁、姜末、蒜片、葱丁翻炒片刻，烹入味汁，放入花生米调匀，出锅即成。

032 豆瓣酱香茄

原料 茄子300克。

调料 豆瓣酱1大匙，白糖2小匙，葱段10克，姜片、蒜片各5克，植物油1000克(实耗50克)。

制作步骤 method

① 茄子洗净，去蒂，切成小段，放入清水中浸泡5分钟，捞出沥水。

② 再将茄段放入油锅中炸至软，捞出沥油；另起锅，加入底油烧热，爆香葱段、姜片。

③ 再加入豆瓣酱炒出香辣味，然后放入炸好的茄子回锅，小火烧至入味，再加入蒜片和白糖，旺火烧至汤汁收干，出锅装盘即可。

033 姜爆鸭丝

原料 烤鸭肉450克，芹菜100克，生姜75克，红辣椒50克，蒜苗25克。

调料 酱油2小匙，白糖、米醋各1/2小匙，甜面酱2大匙，熟猪油3大匙。

制作步骤 method

① 将烤鸭肉切成粗丝；生姜去皮，洗净，切成细丝；芹菜、蒜苗择洗干净，切成长段；红辣椒洗净，去蒂及籽，切成长丝。

② 坐锅点火，加油烧至六成热，先下入鸭肉丝、姜丝、辣椒丝略炒，再放入甜面酱炒匀，然后加入芹菜、蒜苗、酱油炒熟，再放入白糖、米醋炒匀，即可出锅装盘。

034 麻辣鱼块

原料 草鱼1条（约600克）。

调料 红干椒25克，花椒8克，葱末、姜末、精盐、味精、鸡精、白糖、老抽、料酒各少许，植物油适量。

制作步骤 method

① 草鱼洗净，在鱼身两侧各划几刀，切成大块，再加入少许精盐略腌；坐锅点火，加油烧至八成热，下入草鱼炸至金黄色，捞出沥油。

② 锅留底油烧热，先下入葱末、姜末、红干椒、花椒炒香，再放入鱼块，然后加入精盐、味精、鸡精、老抽、料酒、白糖炒至入味，即可出锅装盘。

★ ★ 难度

★ ★ 难度

035 陈皮牛肉

原料 牛肉375克，陈皮1片。

调料 姜末5克，精盐1/2小匙，白糖、淀粉各1/2大匙，料酒5小匙，酱油3大匙，植物油适量。

制作步骤 method

① 牛肉洗净，切成片，加入少许料酒、酱油、淀粉腌20分钟，再放入热油中炸至浮起，捞出沥油。

② 陈皮放入碗中，加入温水泡软，用清水洗净，切成丝。

③ 锅中加入植物油烧热，下入姜末、陈皮丝炒香，再放入牛肉片，加入精盐、白糖、料酒、酱油、泡陈皮的水，烧至汤汁收干，装碗即可。

★ ★ 难度

036 麻辣泥鳅

原料 泥鳅750克，红干椒30克。

调料 葱末、姜末、花椒、白糖、精盐、味精、胡椒粉、老抽各少许，料酒1/2小匙，植物油适量。

制作步骤 method

① 将泥鳅宰杀，洗涤整理干净备用。

② 坐锅点火，加油烧至八成热，下入小泥鳅炸酥，捞出沥油待用。

③ 锅中留底油烧热，先下入葱末、姜末、花椒、红干椒炒香，再放入泥鳅，烹入料酒，加入白糖、精盐、味精、胡椒粉、老抽烧至入味，即可出锅装盘。

037 汉源榨榨面

★ ★ 难度

原料 ingredients

荞麦粉……………… 300克
酸菜…………………… 适量
净菜心………………… 适量

调料 condiments

清汤…………………… 适量
精盐…………………… 适量
酱油…………………… 适量
花椒粉………………… 适量
胡椒粉………………… 适量
味精…………………… 适量
辣椒油………………… 适量

制作步骤 method

① 荞麦粉加上适量的温水调匀，揉搓成比较软的面团，压成荞麦面条，放入沸水锅内煮至熟，捞出，盛放在面碗内。

② 酸菜洗净，切成碎末，放入净锅内，加入清汤、精盐、酱油、花椒粉烧至沸。

③ 放入净菜心调匀，再加入胡椒粉、味精、辣椒油煮成汤汁，倒入煮熟的荞麦面条碗内即成。

★★ 难度

★★★ 难度

038 泡菜跳水虾

原料 青虾400克，四川泡菜300克，泡椒50克，野山椒25克。

调料 葱花、泡姜片各5克，精盐、味精、胡椒粉各1小匙，鲜汤500克，植物油100克。

制作步骤 method

① 青虾去沙线，洗净；泡菜洗净，切成条；泡椒去蒂及籽，切成段；野山椒洗净。

② 锅中加油烧热，下入泡菜条、泡椒段、泡姜片、野山椒，添入鲜汤、精盐、味精、胡椒粉。

③ 用中火烧15分钟，再放入青虾烧5分钟至熟，出锅装碗，撒上葱花即可。

039 川味猪肝

原料 猪肝300克，洋葱50克。

调料 蒜末15克，精盐1/2小匙，料酒1大匙，水淀粉2小匙，辣椒酱、辣椒油各1小匙，植物油2大匙。

制作步骤 method

① 将猪肝洗净，切成薄片，再放入碗中，加入精盐、料酒翻拌均匀，腌渍入味；洋葱去皮、洗净，切成粗丝。

② 炒锅置火上，加油烧至五成热，先下入洋葱丝、蒜末炒出香味，放入猪肝片煸炒至变色，然后加入辣椒油、辣椒酱快速翻炒均匀，再用水淀粉勾薄芡，即可出锅装盘。

040 农家鳝背

原料 活鳝鱼500克，干辣椒段20克。

调料 葱末、姜末各5克，蒜片15克，酱油、酒酿、水淀粉各1大匙，味精、白糖、豆瓣酱各1小匙，花椒粉少许，植物油2大匙。

制作步骤 method

① 将鳝鱼宰杀，去头、去骨、除内脏，洗涤整理干净，再切成大块。

② 鳝鱼块放入热油锅中煸干，加入干辣椒、豆瓣酱、花椒粉、酒酿、白糖、味精、酱油炒匀。

③ 然后添入少许清水烧至收汁，再加入葱末、姜末、蒜片炒匀，用水淀粉勾芡，出锅即可。

★★ 难度

041 脆皮大肠

原料 猪大肠段500克，香菜末50克。

调料 精盐、味精、胡椒粉、吉士粉各少许，麦芽糖4小匙，料酒适量，香油1大匙，植物油1000克。

制作步骤 method

① 取一小盆，加入料酒、麦芽糖、吉士粉调匀，倒入锅中，煮至麦芽糖溶化，盛入碗中。

② 大肠段洗净，放入清水锅内，加入精盐、味精煮熟，捞出，放入麦芽糖汁浸泡，捞出晾干。

③ 锅中加油烧热，放入大肠段炸至金黄色，捞出大肠，沥去油分，码放在大盘中，撒上胡椒粉和香菜叶，淋入香油，上桌拌匀即可。

042 榨菜肉丝汤

原料 榨菜丝200克，猪里脊肉150克，香菜末少许。

调料 葱末、姜末、蒜末各少许，精盐、味精、香油各1/2小匙，植物油1大匙。

制作步骤 method

① 猪里脊肉洗净，切成细丝。

② 坐锅点火，加入植物油烧热，先下入里脊肉丝炒散，再放入葱末、姜末、蒜末炒香。

③ 添入适量清水烧开，然后放入榨菜丝，撇去浮沫，加入精盐、味精，淋入香油，撒上香菜末，出锅装碗即成。

043 肚片酸菜汤

原料 牛肚600克，酸泡菜100克，牛血块50克。

调料 干红椒50克，姜丝20克，葱段15克，精盐1小匙，味精少许，白醋1大匙，山胡椒油2小匙，料酒2大匙，熟猪油100克，鸡汤700克。

制作步骤 method

① 牛肚撕去油筋，洗涤整理干净，切片，加入料酒略腌；酸泡菜切成小片；干红椒切段。

② 锅置火上，加入熟猪油烧至六成热，先下入干红椒段、姜丝煸出红油，再添入鸡汤烧沸。

③ 然后加入精盐、味精、白醋、山胡椒油、酸泡菜、牛肚片、牛血块煮熟，盛出，撒上葱段即可。

044 红汤牛肉

★★★ 难度

原料 牛肉200克，水发香菇5朵，红辣椒段15克，鸡蛋清1个。

调料 八角1粒，葱片、姜片、精盐、味精、淀粉、料酒、米醋、酱油、鲜汤、植物油各适量。

制作步骤 method

① 牛肉洗净，切条，加入料酒、鸡蛋清、精盐、淀粉拌匀，再入热油锅中炸至上色，捞出。

② 锅留底油烧热，下入八角、葱片、姜片炝锅，加入鲜汤、香菇、酱油、料酒和米醋，放入牛肉条，小火煮15分钟，再加入辣椒段、精盐、味精调味，盛入汤碗中即可。

045 鱼香豆腐

原料 豆腐条500克。

调料 姜粒、蒜段、大葱段各10克，郫县豆瓣、淀粉各1大匙，鲜汤、精盐、酱油、白糖、味精、米醋、水淀粉、植物油各适量。

制作步骤 method

① 锅中加油烧热，把豆腐条滚上一层淀粉，放入油锅内炸至呈金黄色，捞出，沥油。

② 锅内留少许底油，复置火上烧热，放入豆瓣煸炒至酥香，再加入姜粒、蒜粒和葱段炒香。

③ 加入鲜汤、精盐、酱油、白糖、味精、米醋烧沸，放入豆腐条，转小火烧至入味，用水淀粉勾薄芡，出锅装盘即成。

★★★ 难度

★ ★ 难度

046 烂锅面

原料 面粉500克，猪瘦肉75克，白菜心150克。

调料 葱末、姜末各10克，精盐2小匙，味精1/2小匙，料酒1小匙，肉汤1250克，熟猪油75克。

制作步骤 method

① 面粉放入盆内，加入适量清水和好，制成面条；猪肉洗净，切丝；白菜心洗净，切段。

② 锅中加入油烧热，放入葱末、姜末炒香，再放入肉丝煸炒至七分熟，然后放入白菜心略炒，再加入精盐、料酒、肉汤烧沸，捞出肉丝及白菜心。

③ 将面条下到汤锅内，待面条煮烂时，加入味精，放入肉丝、白菜心烧沸，出锅装碗即可。

047 宫保鸡丁

原料 嫩鸡胸肉丁300克，油炸花生仁75克。

调料 葱花、姜片、蒜片各5克，花椒3克，干红辣椒段10克，精盐1小匙，料酒、红酱油、水淀粉各1大匙，白糖、米醋各1/2大匙，味精少许，肉汤2大匙，植物油500克（约耗75克）。

制作步骤 method

① 鸡肉丁放碗内，加上少许精盐、料酒、红酱油和水淀粉调拌均匀，上浆。

② 取碗一个，放入精盐、料酒、白糖、红酱油、米醋、味精、肉汤和水淀粉调匀成芡汁。

③ 锅中加油烧热，放入干辣椒段、花椒、葱花、姜片和蒜片炒香，加入鸡肉丁炒匀，烹入对好的芡汁，翻炒均匀，加入花生仁颠翻几下，起锅装盘，上桌即成。

★ ★ 难度

048 成都甜水面

★ ★ 难度

原料 ingredients

面粉·················· 400克

调料 condiments

蒜蓉·················· 适量
精盐·················· 适量
甜酱油················ 适量
白糖·················· 适量
辣椒油················ 适量
芝麻酱················ 适量
香油`················· 适量

制作步骤 method

① 将面粉放入小盆中，加入少许精盐和适量清水拌匀，揉匀成面团。

② 把面团擀成厚约0.6厘米的整块，用刀切成宽0.5厘米的条子，一手五根，提两头左右扯成粗约0.4厘米的条子，掐去两头成面条。

③ 净锅置火上，放入清水烧沸，下入面条煮至熟，捞出，放在碗内。

④ 把甜酱油、白糖、精盐、辣椒油、芝麻酱、香油和蒜蓉拌匀成味汁，淋在面碗内即成。

049 红油水饺

原料 面粉、猪肉馅各500克，鸡蛋1个。

调料 姜末、蒜泥各50克，老姜少许，精盐、花椒、胡椒粉各1/2小匙，酱油5大匙，白糖1大匙，味精2小匙，红油100克。

制作步骤 method

① 面粉加入清水和成面团，稍饧，搓成条，下成面剂，再擀成饺子皮；老姜拍松，放入锅中，加入清水和花椒烧开，制成花椒水。

② 肉馅中加入胡椒粉、味精、精盐、鸡蛋、姜末、花椒水搅匀。

③ 锅中加水烧开，下入饺子煮熟，再加入酱油、红油、白糖、味精、蒜泥调匀即成。

050 回锅肘片

原料 熟肘子250克，蒜苗25克，干红辣椒15克，木耳5克。

调料 葱片10克，精盐、料酒、酱油、白醋、白糖、豆瓣酱、味精、植物油各适量。

制作步骤 method

① 猪肘子切成长方形薄片；红辣椒、木耳用清水泡软，洗净；蒜苗洗净，切成小段。

② 锅加入油烧热，用葱片炝锅，烹入料酒，加入豆瓣酱、白醋、白糖、味精、酱油和清汤烧沸。

③ 放入猪肘片、木耳块、红辣椒、精盐，旺火炒至入味，撒上蒜苗段调匀，出锅装盘即可。

051 爆炒鳝片

原料 活白鳝1条，春笋片100克，青椒50克。

调料 蒜片20克，精盐、味精、胡椒粉各1/2小匙，酱油1/2大匙，白糖、米醋、料酒各1小匙，水淀粉2大匙，葱姜汁2小匙，植物油800克。

制作步骤 method

① 鳝鱼洗净，片成蝴蝶片，再加入少许精盐、味精、葱姜汁、料酒、水淀粉抓匀上浆。

② 锅中加油烧热，先下入鳝鱼滑至变色，捞出沥油，再放入青椒、春笋稍烫，捞出沥干。

③ 锅中留油烧热，下入蒜片炒香，加入白糖、酱油、米醋、水淀粉炒匀，放入鱼片、青椒、春笋炒至入味，再撒上胡椒粉，即可出锅。

052 辣汁冬瓜汤

原料 冬瓜300克，海带丝少许。

调料 葱末、姜末各少许，精盐适量，辣酱、料酒各1大匙，烧汁2大匙，高汤8杯。

制作步骤 method

① 将冬瓜去皮，洗净，切成扇形块备用。

② 碗中放入辣酱、料酒、精盐搅匀，对成酱汁待用。

③ 汤锅中注入8杯高汤，加入对好的酱汁、葱姜末煮沸，再下入冬瓜块煮至透明，然后放入海带丝续煮片刻即可。

★★ 难度

053 豉椒爆黄鳝

原料 鳝鱼300克，青椒、红椒各50克。

调料 姜末、蒜片各10克，精盐、味精各1/2小匙，豆豉1小匙，料酒、植物油各1大匙。

制作步骤 method

① 鳝鱼宰杀，洗涤整理干净，剁成小段，再放入沸水中焯去血水，捞出沥干；青椒、红椒分别洗净，去蒂及籽，切成块。

② 锅中加油烧热，先下入姜末、蒜片、豆豉炒出香味，再放入鳝鱼段，烹入料酒，用小火炒熟。

③ 然后加入青椒块、红椒块翻炒至熟，加入精盐、味精调好口味，即可装盘上桌。

★★★ 难度

054 麻辣南瓜

原料 嫩南瓜750克。

调料 葱少许，麻油1/4小匙，精盐1/2小匙，味精1/2小匙，白糖1小匙，酱油2小匙，醋1小匙，花椒粉适量，红油辣椒少许。

制作步骤 method

① 南瓜洗净，切条，码上精盐，腌渍约5分钟左右，使之初步入味，并腌出部分水分。

② 红油辣椒、精盐、味精、白糖、酱油、白醋、花椒粉放入碗内，调匀成麻辣味汁。

③ 锅置旺火上，放入清水烧沸，倒入南瓜丝煮至断生，立即捞入盆内拨散，撒少许麻油拌匀，放入净盘内，拌上麻辣味汁，即可上桌食用。

055 钟水饺

原料 ingredients

面粉…………………… 400克
猪腿肉………………… 300克
鸡蛋…………………… 1个

调料 condiments

花椒水………………… 适量
姜末…………………… 适量
蒜蓉…………………… 适量
精盐…………………… 适量
酱油…………………… 适量
辣椒油………………… 适量
味精…………………… 适量

制作步骤 method

① 将面粉加入适量清水和成面团，稍饧，搓成长条，下成小面剂，再擀成饺子皮。

② 猪腿肉去除筋膜，剁成猪肉蓉，加入花椒水、姜末、精盐、味精、鸡蛋液搅匀成馅料，包入饺子皮中，捏花边封口成饺子生坯。

③ 锅中加清水烧沸，下入饺子煮熟，捞入盘内，再加入酱油、辣椒油、蒜蓉调匀即成。

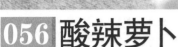

056 酸辣萝卜

原料 白萝卜500克，香菇片、笋片各50克。

调料 干辣椒段10克，姜末5克，精盐、鸡精各1/2小匙，酱油2小匙，水淀粉1大匙，香油1小匙，鲜汤150克，米醋、植物油各2大匙。

制作步骤 method

① 萝卜去皮，洗净，切成小块，放入沸水锅中焯烫一下，捞入过凉，沥水水分。

② 锅中加油烧热，放入姜末、辣椒段煸香，再放入香菇片、笋片、萝卜略炒，然后加入酱油、米醋、精盐、鲜汤烧开，再转小火烧至萝卜熟透，加入鸡精调味，用水淀粉勾芡，淋入香油即可。

057 海米菜叶汤

原料 白菜叶200克，海米20克。

调料 葱末10克，精盐1小匙，味精少许，牛奶3大匙，高汤1000克，熟猪油2小匙。

制作步骤 method

① 将白菜叶洗净，沥去水分，切成2厘米宽、4厘米长的条；海米去除杂质，放入温水中浸泡20分钟，捞出沥干。

② 坐锅点火，加入熟猪油烧热，先下入海米煸炒片刻，再放入葱末炒出香味。

③ 然后添入高汤，加入白菜叶、精盐、味精烧沸，最后加入牛奶稍煮，撇去浮沫，盛入大碗中即可。

058 辣炒萝卜干

原料 萝卜干200克，毛豆仁50克，红辣椒1个。

调料 蒜3瓣，大葱1根，精盐1/2小匙，白糖2小匙，酱油1小匙，香油少许，植物油2大匙。

制作步骤 method

① 萝卜干放入清水中浸泡，洗净，捞出沥干，切成丁。

② 蒜去皮，切成末；大葱、红辣椒均洗净，切成末。

③ 锅内放入少许植物油烧热，下入红辣椒末、葱末及蒜末炒香，再放入萝卜干丁、毛豆仁，加入精盐、白糖、酱油、香油炒入味即可。

059 红汤豆腐煲

原料 豆腐片500克，白菜叶100克，红干椒段50克，粉丝25克，香菜段15克。

调料 葱段、姜片、葱花各10克，精盐、味精、鸡精、胡椒粉各1/2小匙，火锅料3大匙，酱油各1小匙，鲜汤1000克，植物油5大匙。

制作步骤 method

① 锅中加油烧热，先下入葱段、姜片、少许红干椒段炸香，然后添入鲜汤，加入火锅料烧沸，再放入豆腐片、白菜叶、粉丝、酱油、精盐、味精、鸡精、胡椒粉煮至入味。

② 出锅倒入砂煲中，撒上葱花、香菜段、红干椒段；锅中加油烧热，出锅浇在红干椒段即可。

060 麻辣萝卜干汤

原料 萝卜干150克，香菇3朵，树椒适量。

调料 大葱1根，精盐1小匙，鸡精1/2小匙，辣椒酱、胡椒粉、高汤、植物油各适量。

制作步骤 method

① 将萝卜干用清水泡发，洗净，沥水；香菇择去菇蒂，用清水洗净，在表面剞上十字花刀。

② 大葱去除老皮，洗净，一部分切成细丝，剩余部分切成小段。

③ 锅中加入植物油烧热，下入葱段、香菇、树椒翻炒，加入高汤煮至熟透，再放入萝卜干，加入调料煮约10分钟入味，撒上葱丝，装碗即可。

061 宫廷酸辣汤

原料 鸭血、豆腐各2块，瘦肉丝100克，海参丝75克，冬菇丝、笋丝各少许，鸡蛋2个。

调料 精盐1小匙，鸡精1/2小匙，豆瓣酱1/2大匙，水淀粉、米醋、酱油、香油各适量。

制作步骤 method

① 将笋丝、海参丝分别放入沸水锅中焯烫一下，捞出沥水；瘦肉丝加入少许淀粉、鸡蛋拌匀。

② 锅置火上，加入香油烧热，再加入豆瓣酱、精盐、鸡精、米醋、酱油和清水烧沸。

③ 然后放入所有原料煮熟，用水淀粉勾芡，淋入鸡蛋液搅匀，出锅装碗即可。

062 香辣素什锦

原料 烤麸块100克，白豆腐干片150克，油面筋、香菇片、冬笋各50克，胡萝卜、青豆各40克，花生米30克，木耳20克。

调料 葱末、姜末各2小匙，精盐、酱油各1/2小匙，八角1粒，干辣椒50克，植物油2大匙。

制作步骤 method

① 锅中加油烧热，下八角、葱末、姜末煸香取出，放入香菇、花生米、烤麸、冬笋、木耳、豆干、面筋翻炒。

② 加入干辣椒、酱油、白糖、精盐，冲入适量开水炖20分钟，开盖后加入青豆、胡萝卜炒熟淋香油即可。

★ ★ 难度

063 碎米鸡丁

原料 鸡胸肉粒300克，熟花生仁粒75克，彩椒50克，鸡蛋清1个。

调料 泡红辣椒、姜末、蒜米各少许，精盐、料酒、白糖、米醋、味精、鲜汤、水淀粉、植物油各适量。

制作步骤 method

① 鸡胸肉粒，放在碗内，加上少许精盐、淀粉和鸡蛋清拌匀，上浆。

② 彩椒去蒂，去籽，洗净，切成小粒；把精盐、白糖、米醋、味精、鲜汤和水淀粉放小碗内调匀成芡汁。

③ 锅中加油烧热，下入鸡肉粒炒散，烹入料酒，下入泡红辣椒、姜末、蒜米炒香，加入彩椒粒，勾芡，撒上花生仁，出锅装盘即成。

★ ★ 难度

★ 难度

064 腌拌桔梗

原料 桔梗250克，芝麻少许。

调料 大蒜2瓣，精盐、辣椒面各1大匙，白糖、米醋各适量。

制作步骤 method

① 大蒜去皮，洗净，捣烂成泥；芝麻放入锅中炒至熟香。

② 桔梗去皮，洗净，撕成细条，用适量的精盐腌制入味。

③ 将腌好的桔梗挤去水分，放入碗中，加入辣椒面、白糖、米醋、精盐、熟芝麻、蒜泥拌匀，即可装盘上桌。

065 合川肉片

原料 猪腿肉片400克，水发玉兰片、水发木耳块各25克，鸡蛋少许。

调料 葱粒、姜末各5克，蒜末10克，精盐、味精各少许，料酒、白糖、米醋、酱油各1/2大匙，郫县豆瓣、淀粉、米醋各1大匙，肉汤2大匙，熟猪油100克，香油2小匙。

制作步骤 method

① 把肉片放在碗里，加上鸡蛋、精盐、料酒和淀粉拌匀上浆。

② 取小碗1个，放入酱油、米醋、白糖、味精和肉汤对成味汁。

③ 锅中加油烧热，把猪肉片理平，放入锅内煎制，放入葱粒、豆瓣、姜末和蒜末稍炒，再把肉片拨到锅中间。

④ 加入木耳和玉兰片翻炒几下，烹入对好的味汁炒匀，淋上香油，出锅装盘，上桌即成。

★★★ 难度

066 柿椒肉粒胡萝卜

★★★ 难度

原料 ingredients

大柿子椒	200克
五花肉	50克
胡萝卜	50克
豌豆	50克
葱末	50克
姜末	20克
蒜末	30克

调料 condiments

高汤精	1大匙
精盐	1/2各小匙
白糖	1/2各小匙
酱油	1/2各小匙
香醋	1/2各小匙
水淀粉	1/2各小匙
干辣椒	50克
植物油	2大匙

制作步骤 method

① 柿子椒、胡萝卜、五花肉分别切丁；五花肉中加入精盐、酱油、料酒、水淀粉腌制片刻。

② 取一小碗，将精盐、酱油、白糖、香醋、水淀粉、高汤精调成汁。

③ 锅中加油烧热，下干辣椒炸香，放入五花肉丁、葱末、姜末、蒜末、柿子椒丁、胡萝卜丁煸炒，倒入调好的汁与豌豆，炒熟即可。

067 辣子干丁

原料 豆腐干丁250克，油炸花生仁、青椒丁、红椒丁、青蒜丁各50克，鸡蛋清1个。

调料 葱末、姜末各5克，精盐1/2小匙，味精少许，酱油、白糖各1小匙，豆瓣酱1大匙，料酒、水淀粉各2大匙，鲜汤80克，植物油800克。

制作步骤 method

① 豆腐干丁加入少许酱油、蛋清、水淀粉拌匀，再下入五成热油中滑熟，捞出沥油。

② 锅中留底油烧热，先下入青椒、红椒、葱末、姜末、豆瓣酱炒香，再烹入料酒，加入酱油、白糖、鲜汤、精盐、味精炒匀，勾芡，放入青蒜、花生仁、豆腐干翻炒至入味，即可出锅。

068 酸辣牛肉汤

原料 鲜嫩牛肉丝150克，粉丝25克，胡萝卜丝1/2根，香菜末10克。

调料 精盐、味精各1大匙，胡椒粉、料酒、水淀粉、植物油各2大匙，白醋3大匙，高汤500克。

制作步骤 method

① 鲜嫩牛肉丝加入少许精盐、料酒、水淀粉拌匀上浆，粉丝用热水泡软，剪成段。

② 锅中加油烧热，下入胡萝卜丝翻炒几下，再加入高汤、粉丝、精盐烧沸，放入牛肉丝，然后加入料酒、胡椒粉、白醋、味精，勾薄芡，撒上香菜末，出锅盛入汤碗中，上桌即成。

069 辣子鸡块面

原料 面条300克，仔鸡块600克，干辣椒10克，鸡蛋2个。

调料 精盐、味精各1/2小匙，料酒1大匙，酱油2大匙，鸡汤500克，植物油3大匙。

制作步骤 method

① 仔鸡块下入沸水中焯透，捞出沥水。

② 锅中加水烧开，下入面条，用筷子轻轻拨散，用中火烧开煮至软熟，捞出沥水后装盘。

③ 锅中加油烧热，下入干辣椒炸香，烹入料酒、酱油，下入鸡块炒至变色。

④ 再加入鸡汤和余下的精盐烧开，焖至熟烂，然后加味精，出锅浇在面条上拌匀即成。

070 杭干椒炝莲白

★ ★ 难度

原料 莲白菜250克，杭干椒10克。

调料 精盐、味精、鸡精各1/2小匙，植物油3大匙。

制作步骤 method

① 将杭干椒洗净，沥水，剪成小段；莲白菜洗净，切成菱形片。

② 炒锅置火上，加入植物油烧至六成热，先下入杭干椒炒香，再放入莲白菜片炒匀。

③ 然后加入精盐、味精、鸡精快速翻炒至熟，出锅装盘即成。

★ ★ ★ 难度

071 泡椒萝卜丝

原料 红皮萝卜250克，泡鲜红辣椒30克。

调料 葱花5克，味精、白糖、白醋各1/2小匙，精盐、香油、花椒油各1小匙，泡辣椒油5小匙。

制作步骤 method

① 红皮萝卜洗净，切成丝，放入碗中，撒上精盐拌匀稍腌。

② 泡鲜红辣椒去蒂，切成约0.5厘米粗的圆圈形。

③ 将沥去水分的萝卜丝放入盆内，加入味精、白醋、白糖、香油、花椒油、泡辣椒油，充分拌匀后装入盘中，撒上泡辣椒圈、葱花即成。

★ ★ 难度

072 剁椒肉泥蒸芋头

原料 芋头500克，猪肉蓉100克，辣椒蓉25克。

调料 大葱15克，姜末10克，精盐1/2小匙，味精、香油各1小匙，熟猪油5小匙。

制作步骤 method

① 芋头去皮，洗净切成片；大葱去根和老叶，洗净，切成碎末。

② 锅中加油烧热，下入姜末炒香，再放入猪肉蓉、辣椒蓉煸炒至变色，然后加入精盐、味精炒出香辣味，出锅装碗。

③ 芋头片、肉蓉剁椒放在大盘内，再放入蒸锅内蒸至芋头软烂，淋入香油，撒上葱花即可。

073 彩椒鲜虾仁

★ ★ 难度

原料 ingredients

鲜虾仁………………… 300克
蜜豆………………… 75克
红椒………………… 50克
水发香菇………………… 50克
熟腰果………………… 15克

调料 condiments

葱末………………… 5克
姜末………………… 5克
精盐………………… 1/2小匙
鸡精………………… 1/2小匙
胡椒粉………………… 1/2小匙
香油………………… 1/2小匙
植物油………………… 1大匙

制作步骤 method

① 红椒洗净，去蒂及籽，切成小丁；甜蜜豆洗净，切成小段；香菇去蒂，洗净，切成小丁。

② 锅中加油烧热，先下葱、姜、虾仁炒香，再放入红椒、料酒、精盐、胡椒粉、鸡精炒匀，然后加香菇、蜜豆炒熟，再撒入腰果，淋入香油即可。

074 爆炒猪肝

原料 猪肝500克，红干椒段少许。

调料 小葱段50克，精盐2小匙，味精、鸡粉各1大匙，酱油1小匙，淀粉、植物油各适量。

制作步骤 method

① 将猪肝洗净，切片，放入碗中，加入少许淀粉抓匀备用。

② 坐锅点火，加油烧热，下入猪肝片滑熟，捞出沥油待用。

③ 锅内留少许底油烧热，先下入红干椒段、小葱段炒香，再放入猪肝片、精盐、味精、鸡粉、酱油翻炒均匀，用水淀粉勾芡，即可装盘上桌。

075 麻香土豆条

原料 土豆条500克，面粉、芝麻各100克，鸡蛋2个。

调料 葱丝25克，干椒椒段5克，精盐、味精各1/2小匙，淀粉3大匙，吉士粉、香油各1小匙，植物油1000克。

制作步骤 method

① 鸡蛋磕入碗中，加吉士粉、面粉、淀粉和少许清水调成糊；土豆条先裹上一层鸡蛋糊，再放入芝麻碗中按压。

② 锅中加油烧热，放入土豆条炸至金黄色，捞出装盘；锅留油烧热，下入干椒丝、葱丝炒香，加入精盐、味精炒匀，倒在土豆条上即成。

076 泡椒猪脆骨

原料 猪脆骨400克，泡椒100克。

调料 葱花、姜丝、蒜片各适量，精盐1小匙，味精、鸡精、白糖、料酒各2小匙，水淀粉1大匙，植物油500克（约耗75克）。

制作步骤 method

① 猪脆骨洗净，沥去水分，切成小块，放入热油锅中炸至熟嫩，捞出；泡椒洗净。

② 锅置火上，加入少许植物油烧热，先下入葱花、姜丝、蒜片、料酒、白糖炒出香味。

③ 再放入猪脆骨炒匀，加入精盐、味精、鸡精调好口味，用水淀粉勾芡，出锅装盘即可。

077 辣味炒藕丝

★ 难度

原料 鲜藕400克，红尖椒丝30克，香菜段、干辣椒丝各10克。

调料 葱丝、姜丝、精盐、鸡精、淀粉、植物油各适量。

制作步骤 method

① 将鲜藕去皮，洗净，切成细条，放入清水中浸泡片刻，捞出沥干，加入淀粉拌匀，再下入热油中炸成金黄色，捞出沥油。

② 锅中加油烧热，先下入红尖椒丝、葱丝、姜丝、干辣椒丝煸炒几下，再放入藕丝、香菜段，撒上精盐、鸡精翻炒均匀，即可装盘。

078 椒麻猪舌

★★★ 难度

原料 净猪舌2条，青辣椒末25克。

调料 花椒10粒，葱末5克，精盐1小匙，白糖2小匙，酱油4小匙，米醋1大匙。

制作步骤 method

① 将猪舌刮洗干净，放入锅中，加入清水和少许精盐烧沸，撇净浮沫，转小火煮至熟烂。

② 捞出猪舌，沥净水分，晾凉，再切成薄而匀的大片，码放入盘中。

③ 花椒入锅炒熟，取出剁碎，再加入青辣椒末、葱末、酱油、米醋、白糖、精盐调匀成味汁，浇淋在猪舌片上即可。

079 糊辣羊肉煲

★★★ 难度

原料 五花羊肉750克，白萝卜块200克，干辣椒段20克，青蒜苗段2棵。

调料 葱结10克，生姜片25克，白糖、精盐、味精、酱油各少许，料酒75克，植物油适量。

制作步骤 method

① 羊肉块放入冷水锅中，置火上焯煮，捞出。

② 锅中加油烧热，炸香干辣椒段，放入羊肉块、萝卜块煸炒，再下入葱结、姜片、料酒、酱油、清水烧开，撇净浮沫，倒在砂锅内。

③ 将砂锅置小火上炖煮片刻，再调入白糖、精盐、味精炖至羊肉软烂，撒入青蒜段，加盖上桌即成。

080 椒油肚丝

原料 猪肚500克，香菜150克。

调料 葱段、姜片、精盐、味精、花椒、辣椒油、花椒油各适量。

制作步骤 method

① 将猪肚去除白脂皮，洗净，放入清水锅中，加入花椒、葱段、姜片煮熟，取出过凉，沥水，切成细丝。

② 将香菜择洗干净，放入沸水锅中焯烫一下，捞出过凉，沥水，切成2厘米长的段。

③ 将香菜段与肚丝一起放入碗中，加入精盐、味精、辣椒油、花椒油拌匀即可。

★ ★ 难度

081 鱼香碎滑肉

原料 净猪肉350克，水发木耳、水发兰笋各50克，泡辣椒20克。

调料 葱花15克，姜末、蒜末各10克，精盐1/2小匙，味精少许，酱油、料酒、米醋各1大匙，白糖、豆粉、高汤各2大匙，植物油3大匙。

制作步骤 method

① 猪肉切小片；木耳、兰笋切片；泡辣椒剁碎。

 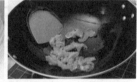

② 碗中加入精盐、酱油、料酒、味精、白糖、米醋、豆粉、高汤配成芡汁。

③ 锅中加油烧热，放入肉片炒散，下入泡辣椒、葱花、姜末、蒜末、木耳、兰笋炒匀，烹入芡汁即成。

★ ★ 难度

★★ 难度

082 鱼香腰花

原料 猪腰500克，青菜100克。

调料 葱、泡红辣椒、精盐、味精、白糖、淀粉、料酒、酱油、米醋、水淀粉、清汤、猪油各适量。

制作步骤 method

① 猪腰洗净，一剖两半，片去腰臊，剞十字花刀，加入精盐、料酒、酱油、淀粉拌匀浆好。

② 泡红辣椒剁碎；碗中加入酱油、米醋、白糖、料酒、葱、味精、精盐、清汤对成芡汁。

③ 锅中放入猪油烧至八成热，下入腰花炸至卷起时，加入泡红辣椒炒香出味，再放入青菜翻炒，然后倒入芡汁炒匀，出锅装盘即可。

083 锅巴肉片

原料 猪肉片150克，锅巴块50克，蘑菇片、水发木耳块、白菜心各25克，泡红辣椒2根。

调料 精盐、味精、胡椒粉、白糖、酱油、米醋、料酒、水淀粉、鲜汤、植物油各适量。

制作步骤 method

① 酱油、精盐、米醋、白糖、味精、胡椒粉、料酒、鲜汤、水淀粉放入碗中调匀成味汁。

② 锅中加油烧热，下入猪肉片、泡红辣椒、蘑菇片、木耳、白菜心炒匀，烹入味汁，出锅装碗。

③ 净锅加油烧热，下入锅巴块炸至膨松、酥脆，捞出装盘，再倒入炒好的肉片，上桌即成。

★★★ 难度

084 葱香豆豉鸡

★ ★ 难度

原料 ingredients

鸡胸肉·················· 300克
香葱·················· 50克

调料 condiments

姜末·················· 10克
蒜末·················· 10克
豆豉·················· 15克
精盐·················· 1小匙
酱油·················· 1小匙
鸡粉·················· 1小匙
香油·················· 1小匙
白糖·················· 少许
淀粉·················· 少许
料酒·················· 2大匙
水淀粉·················· 2大匙
植物油·················· 适量

制作步骤 method

① 将鸡肉洗净，切成小丁，再用精盐、淀粉腌渍10分钟；香葱择洗干净，切成小段。

② 坐锅点火，加油烧至四成热，放入鸡肉丁滑散，滑透，捞出沥油。

③ 锅中留底油烧热，先下入姜、蒜、豆豉炒香，再放入鸡肉、香葱、酱油、白糖、鸡粉炒匀，然后用水淀粉勾芡，淋入香油，即可出锅。

085 干煸四季豆

原料 四季豆300克，猪肥瘦肉粒50克，四川芽菜25克。

调料 干辣椒段10克，精盐、酱油、料酒、味精、熟猪油各适量。

制作步骤 method

① 四季豆切段，洗净；四川芽菜用清水浸泡并洗净，捞出挤净水分，切成细末。

② 锅中加油烧热，下入四季豆炸至皱皮，捞起沥油，滗去锅内余油，放入猪肉粒和干辣椒段炒至酥香，再加入四季豆段煸炒片刻。

③ 加入精盐、酱油炒匀，再下入芽菜末，翻炒至酥香，加上料酒、味精炒匀，出锅装盘即成。

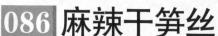

086 麻辣干笋丝

原料 干笋200克，熟芝麻10克。

调料 葱花5克，精盐、味精、白糖各1/2小匙，酱油、花椒粉各1小匙，辣椒油3大匙，香油少许。

制作步骤 method

① 将干笋放入清水中浸泡，中途需多次换水，除去褐黄色泽和干笋中的涩味。

② 待充分吸水后，除去残留的笋衣，洗净，切段，再放入沸水锅中，煮沸，捞出晾凉。

③ 干笋切丝，放入盆中，先加入精盐、白糖、味精、酱油搅拌均匀，再加入花椒粉、辣椒油、香油、熟芝麻、葱花充分拌匀，装盘即可。

087 肉片烧口蘑

原料 口蘑150克，里脊150克，水淀粉35克。

调料 姜片2小匙，葱段1大匙，料酒1大匙，酱油2大匙，白糖1小匙，味精3/5小匙，精盐1/4小匙，植物油600克，高汤100克。

制作步骤 method

① 里脊洗净，切片；口蘑洗净，用开水中焯烫一下，捞出控水；锅中加油烧热，把里脊片逐块下入，炸成金黄色，捞出控油。

② 将炒勺烧热，留少许植物油，下葱、姜煸炒出香味，放高汤、料酒、酱油、味精、白糖、胡椒粉、糖色少许，烧沸撇去浮沫，放少许精盐调味即可。

088 蒜泥茄子

★★ 难度

原料 茄子400克，白芝麻25克，香菜末15克，青椒末、红椒末各10克。

调料 蒜蓉50克，精盐1小匙，味精、香油各1/2小匙，植物油1大匙。

制作步骤 method

① 茄子洗净，切条，把茄子条上屉用旺火蒸至熟；锅中放入白芝麻煸炒片刻出香味。

② 茄条加上蒜蓉、精盐、味精和香油调味，再把茄条放入蒸锅内，蒸约3分钟，取出。

③ 锅中加油烧热，加入青椒末和红椒末煸炒出香味，出锅倒入蒸好的茄子上，撒上香菜末和白芝麻，调拌均匀即可。

★★★ 难度

089 树椒土豆丝

原料 土豆400克，干树椒15克，香菜少许。

调料 葱丝10克，蒜片5克，精盐1小匙，味精1/2小匙，香醋、花椒油各2小匙，植物油2大匙。

制作步骤 method

① 土豆去皮，洗净，切丝，然后放入沸水锅中焯烫一下，捞出过凉，用冷水浸泡10分钟；香菜择洗干净，切成小段。

② 坐锅点火，加油烧至五成热，先下入干树椒小火慢慢炸香，再放入土豆丝、葱丝、蒜片翻炒均匀，然后烹入香醋，旺火翻炒至土豆丝黏锅，再加入精盐、味精、花椒油、香菜段翻炒至入味，即可出锅装盘。

★★ 难度

090 家常豆腐

原料 豆腐片400克，猪五花肉片100克，青蒜苗段25克。

调料 姜片、蒜片各5克，郫县豆瓣2大匙，酱油、料酒各1大匙，味精、水淀粉各少许，肉汤、植物油各适量。

制作步骤 method

① 锅中加油烧热，放入豆腐片煎至浅黄色，待把豆腐两面煎成金黄色时，取出。

② 锅中加油烧热，放入猪肉片炒散，加入豆瓣炒香上色，放入姜片和蒜片炒匀，加入肉汤、豆腐、酱油和料酒烧沸，改用小火烧煨入味，加上青蒜苗和味精，勾芡，出锅装盘即成。

091 四味鲍鱼

★★★ 难度

原料 ingredients

罐装鲍鱼……………… 250克
鸡蛋………………………… 适量
芝麻………………………… 适量

调料 condiments

姜末………………………… 10克
花椒粒……………………… 10克
精盐……………………… 1大匙
味精……………………… 1大匙
白糖……………………… 1大匙
香油……………………… 1大匙
酱油……………………… 1大匙
芝麻酱…………………… 2小匙
米醋……………………… 1小匙
辣椒油…………………… 1小匙
植物油…………………… 4小匙

制作步骤 method

① 将罐装鲍鱼取出，入锅蒸熟，取出，片成薄片，放入盘中。

② 鸡蛋入锅煮熟，取出去壳，切成四瓣，取蛋清片去两头呈荷花片状，围绕鲍鱼片摆成荷花状。

③ 将以上调料分别调制成红油味汁、椒麻味汁、怪味汁和姜味汁，同鲍鱼一起上桌蘸食即可。

Part 4

25分钟
拿手好菜

鲜咸香辣
下饭菜

001 豆瓣豉汁鱼

★ ★ 难度

原料 ingredients
鲤鱼········1条（约750克）
香菜·······················25克

调料 condiments
郫县豆瓣·············2大匙
料酒·····················2大匙
葱花·······················10克
姜末·························5克
蒜片·························5克
精盐·····················1小匙
肉汤·······················250克
豆豉·····················1大匙
酱油·····················1大匙
白糖·····················1/2大匙
米醋·····················1/2大匙
水淀粉·················1/2大匙
香油各·················1/2大匙
植物油·················750克

制作步骤 method
① 将鲤鱼去除鱼鳞和鱼鳃，剖腹去内脏，用清水洗净，擦干表面水分，在鱼身两侧各剞上一字刀，涂抹上少许料酒和精盐，腌制5分钟。

② 把香菜去根，洗净，沥水，切成碎粒；郫县豆瓣、豆豉分别剁碎。

③ 净锅置火上，放入植物油烧至六成热，放入鲤鱼内炸至色泽黄亮，捞出沥油。

④ 原锅留少许底油，复置火上烧热，放入郫县豆瓣、豆豉、姜末和蒜片炒出香味，加入肉汤。

⑤ 放入鲤鱼，再加上料酒、酱油、精盐和白糖，中小火把鲤鱼烧熟入味，捞出鲤鱼，放在盘内。

⑥ 把烧鲤鱼的原汁加入米醋，用水淀粉勾芡，撒上葱花和香菜，淋上烧热的香油，出锅浇在烧好的鲤鱼上即成。

002 芥末酱拌牛肉

原料 净牛肉片300克，绿豆芽、生菜、胡萝卜丝、水芥菜段、圆白菜块各50克。

调料 葱末、姜末各5克，精盐、米醋、白酒、生抽各1小匙，辣椒油、芥末粒各适量。

制作步骤 method

① 牛肉中加精盐、白糖、生抽、白酒略腌。

② 取一大碗，将葱末、姜末、水芥菜、米醋、生抽、辣椒油、精盐、芥末粒等调匀成味汁。

③ 锅中加水烧沸，放入牛肉焯熟后捞出，圆白菜、豆芽、胡萝卜焯熟，与牛肉及调好的味汁调匀，冷藏5分钟，放入生菜、水芥菜拌匀即可。

003 干煸冬笋

原料 冬笋500克，猪肉100克，芽菜40克。

调料 精盐1/2小匙，味精1/3小匙，酱油1大匙，醪糟汁4小匙，香油2小匙，熟猪油100克。

制作步骤 method

① 猪肉洗净，剁成肉末；芽菜洗净，切成细粒；冬笋去壳，削去老皮，洗净，放入清水锅中煮约30分钟至熟，捞出晾凉，切成长条。

② 锅中加入熟猪油烧热，先下入冬笋条炒至微黄，滗去部分水分，再放入猪肉末炒散至吐油。

③ 然后加入精盐、芽菜、酱油、味精、醪糟汁炒至入味，淋入香油，即可出锅装盘。

004 回锅胡萝卜

原料 胡萝卜400克，蒜苗25克。

调料 盐1小匙，精盐少许，鲜汤100克，豆豉、豆瓣各1大匙，植物油2大匙。

制作步骤 method

① 胡萝卜去根，去皮，洗净，切成滚刀块，放入蒸锅内，旺火蒸至熟取出。

② 把郫县豆瓣剁细；豆豉压成细蓉；蒜苗去根，洗净，切成小段。

③ 净锅置火上，放入植物油烧至六成热，加入豆瓣、豆豉炒至酥香。

④ 倒入胡萝卜块炒匀，加入鲜汤，放入蒜苗段、精盐调匀，出锅装盘即可。

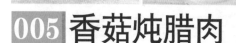

005 香菇炖腊肉

原料 鲜香菇400克，腊肉150克，香葱15克。

调料 精盐适量。

制作步骤 method

① 鲜香菇放在盆内，加入清水调匀，再放入少许精盐拌匀，浸泡20分钟，捞出香菇，去掉菌蒂，切成小块，再换清水洗净。

② 把腊肉用热水漂洗一遍，擦净水分，切成小块；香葱洗净，切成小段。

③ 香菇块、腊肉块同时放入高压锅内，加入清水至2/3处，盖上高压锅盖，置火上，用中火炖约25分钟，揭开锅盖，加入精盐调好口味，出锅放在大碗内，撒上香葱段即可。

006 水煮魔芋

原料 魔芋400克，蒜苗、芹菜、莴笋各75克。

调料 干辣椒、花椒各10克，精盐1小匙，郫县豆瓣1大匙，酱油、味精、植物油各适量。

制作步骤 method

① 魔芋切片；蒜苗、芹菜切段；莴笋切片；干辣椒、花椒放油锅内炸成棕红色，取出，剁细。

② 锅中加油烧热，加入莴笋、芹菜、蒜苗和精盐炒至断生，起锅入碗垫底。

③ 锅内放油烧热，下入郫县豆瓣、清水、酱油、味精烧沸，倒入魔芋片烧至入味，出锅，把魔芋片放在炒好的蔬菜上，再撒上剁细的辣椒和花椒粉，用少许烧热的油。

007 内江周萝卜

原料 白萝卜1000克。

调料 花椒粉、辣椒粉各1大匙，白酒2小匙，精盐、白糖各2大匙，白醋4大匙，油豆豉、辣椒油各适量。

制作步骤 method

① 白萝卜削去掉根须，洗净，切成5厘米长、1厘米见方的条，晾晒至八成干。

② 把萝卜条加入精盐、白糖、白醋、味精、辣椒粉、花椒粉揉匀。

③ 随后淋上白酒并放入小坛内，用水密封坛口，两周后即成萝卜干，食用时取出萝卜条，加上油豆豉、辣椒油等拌匀即成。

008 龙眼萝卜卷

★★★ 难度

原料 萝卜片400克，猪肉末100克，熟火腿条25克，鸡蛋清3个。

调料 葱姜末、精盐、料酒、胡椒粉、熟猪油、鲜汤、味精、水淀粉、熟鸡油各适量。

制作步骤 method

① 猪肉末加上葱姜末、精盐、料酒、胡椒粉、鸡蛋清和淀粉拌匀成馅；萝卜片放入沸水锅内焯，捞出抹上蛋清糊，将火腿条放在馅料中，卷成筒，放入蒸锅内蒸熟，取出，翻扣在盘内。

② 锅中加油烧热，加入鲜汤烧沸，放上少许精盐、料酒、胡椒粉、味精调好口味，勾薄芡，淋上熟鸡油推匀，淋在萝卜卷上即可。

009 豇豆肉末

原料 长豇豆粒250克，猪五花肉粒150克。

调料 干红辣椒端5个，葱末10克，姜末5克，精盐少许，料酒、酱油、白糖各2小匙，味精、香油、植物油各适量。

制作步骤 method

① 净锅置火上烧热，放入植物油烧至六成热，加入豇豆粒，小火煸炒几分钟，出锅。

② 锅复置火上，下入猪肉末煸炒至水分尽，加入干辣椒和葱姜末炒拌均匀。

③ 加入料酒、酱油、白糖和味精调好口味，继续翻炒均匀，最后放入炒好的豇豆粒翻炒几下，淋上香油，出锅装盘即成。

★ ★ 难度

010 肉末炒泡豇豆

原料 泡豇豆粒200克，猪五花肉100克，青辣椒段、红辣椒段各25克。

调料 葱末10克，姜末5克，精盐少许，料酒1/2大匙，植物油适量。

制作步骤 method

① 猪五花肉去掉筋膜，先切成黄豆大小的粒，再剁几刀成肉末，加上料酒拌匀。

② 净锅置火上，放入植物油烧至六成热，下入猪肉末，中火煸炒至酥香。

③ 加入姜末、青红辣椒段和泡豇豆粒，转旺火炒出香辣味，出锅装盘，撒上葱花即成。

011 韭菜海肠

原料 海肠400克，韭菜段100克。

调料 葱段、姜丝各15克，泡椒丝10克，精盐、米醋、蚝油、胡椒粉、鸡精、高汤、水淀粉、淀粉、植物油各适量。

制作步骤 method

① 海肠洗净，切段，放入清水锅内，加上葱段、姜片，快速焯烫一下，捞出。

② 将蚝油、精盐、胡椒粉、鸡精、高汤、水淀粉放小碗内调匀成芡汁。

③ 锅中加油烧热，放入泡椒丝、姜丝炒香，放入韭菜段、海肠段，快速翻炒均匀，烹入对好的芡汁炒匀，离火出锅，装盘上桌即可。

012 小煎鱼条

★★★ 难度

原料 ingredients

鲜鱼	500克
芹黄	75克
鸡蛋清	1个

调料 condiments

泡辣椒	适量
姜块	适量
蒜瓣	适量
精盐	适量
料酒	适量
红酱油	适量
味精	适量
淀粉	适量
植物油	适量
辣椒油	适量

制作步骤 method

① 鲜鱼去掉骨刺，取带皮鱼肉，放入淡盐水中浸泡并洗净，捞出沥净水分，切成长约4厘米、粗约0.5厘米的鱼条。

② 把鱼条放在大碗内，加上少许精盐、料酒、鸡蛋清和淀粉拌匀，码味上浆。

③ 把芹黄洗净，沥水，切成长约5厘米的小条；姜块去皮，剁成末；蒜瓣去皮，剁成蒜蓉。

④ 净锅置火上，放入植物油烧至七成热时，下入鱼条滑散至变色，把鱼条拨至锅边。

⑤ 再下入泡辣椒、姜末、蒜蓉炒出香辣味，拨入鱼条，旺火速炒至断生。

⑥ 下入芹黄条炒匀，烹入由料酒、红酱油、精盐、味精对成的味汁调匀，淋上辣椒油，离火出锅，装盘上桌即成。

013 四喜吉庆

原料 莴笋、马铃薯、胡萝卜、白萝卜各150克。

调料 姜片、葱段各10克，精盐、鸡汤、胡椒粉、味精、水淀粉、熟鸡油、熟猪油各适量。

制作步骤 method

① 莴笋、马铃薯、胡萝卜和白萝卜去皮，洗净，切成小方块，再用花刀在原料表面刻上花纹。

② 锅置火上，放入清水烧沸，将四种主料分别放入水锅内焯煮片刻，捞出过凉，控净水分。

③ 锅中加油烧热，用姜片和葱段煸出香味，加入鸡汤烧沸，捞出葱姜不用。

④ 放入四色主料，加上精盐、胡椒粉和味精烧2分钟，勾芡，淋入熟鸡油，出锅即成。

014 家常海参

原料 水发海参片500克，猪五花肉粒75克，青蒜苗段25克。

调料 葱段25克，姜片20克，郫县豆瓣1大匙，精盐1小匙，清汤500克，料酒、红酱油各2大匙，水淀粉、熟猪油各适量。

制作步骤 method

 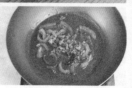

① 锅中加油烧热，加入葱段、姜片、清汤、料酒和精盐烧沸，放入海参片焯烫，加入猪肉粒炒散，待把肉粒炒至酥香时，出锅。

② 净锅加油烧热，投入郫县豆瓣、葱段和姜片炒香，放入海参片、猪肉粒和红酱油，烧至入味，勾芡，撒上蒜苗段即成。

015 鲜椒烹虾

原料 大虾400克，辣椒段150克，鸡蛋清1个。

调料 花椒、姜片、蒜片各5克，精盐、葱姜汁各1小匙，淀粉、料酒、米醋、酱油、白糖各2小匙，鸡汤2大匙，植物油500克，香葱段少许。

制作步骤 method

① 大虾加上鸡蛋清、少许精盐、料酒、葱姜汁和淀粉拌匀上浆；把葱姜汁、料酒、少许精盐、酱油、米醋、白糖和鸡汤放小碗里对成味汁。

② 锅中加油烧热，放入大虾炸至熟脆，出锅沥油；锅内留油烧热，放入鲜红辣椒、花椒、姜片和蒜片炒香，倒入大虾，快速翻炒，烹入味汁炒匀，撒上香葱段，装盘上桌即成。

016 酥贴红珠鸡

原料 鸡胸肉片250克，吐司200克，熟火腿粒、净马蹄粒各50克，鸡蛋清2个，樱桃少许。

调料 精盐1小匙，料酒1大匙，胡椒粉、味精各少许，淀粉、熟猪油、香油各适量。

制作步骤 method

① 鸡肉片加上精盐、料酒、胡椒粉、味精拌匀。

② 熟火腿粒、净马蹄粒加上鸡蛋清、淀粉拌匀；吐司去外皮，切成与鸡片大小一致的片。

③ 吐司片抹上火腿马蹄粒，再铺上鸡肉片稍压使贴紧，用两片樱桃放于鸡片中间作点缀。

④ 平锅放熟猪油烧热，鸡肉片吐司煎炸至酥黄熟香，出锅，淋上香油，装盘上桌即可。

017 酸辣海参

原料 海参条500克，火腿40克，冬菇40克，鸡肉20克，笋40克。

调料 白糖1大匙，香醋1小匙，胡椒粉1大匙，味精2小匙，料酒1大匙，酱油2小匙，水淀粉1大匙，葱丝、姜丝各少许，鸡汤200克。

制作步骤 method

① 将笋、火腿、鸡肉、冬菇洗净切片。

② 将海参用沸水汆一下，捞出控干水分。

③ 将炒锅内放植物油，烧热，下入葱、姜炸出香味捞出，将海参、料酒、酱油、精盐、白糖、醋、味精、胡椒粉等倒入锅内，加鸡汤，用小火烧15分钟，用水淀粉勾芡，上碟即成。

018 犀浦鲇鱼

原料 鲇鱼500克。

调料 葱花、姜末、蒜片、郫县豆瓣、泡红辣椒、精盐、料酒、清汤、酱油、白糖、胡椒粉、水淀粉、米醋、味精、植物油各适量。

制作步骤 method

① 鲇鱼洗净，剁成块，加上少许精盐和料酒拌匀，放入热油锅内炸上颜色，捞出沥油。

② 锅内留少许底油，复置火上烧热，下入剁细的郫县豆瓣、泡红辣椒煸炒出香辣味。

③ 加入清汤、鲇鱼块、酱油、姜末、蒜片、白糖、胡椒粉等，用中火慢烧至熟香，勾芡，加入米醋、味精、葱花推匀，出锅装盘即成。

019 芙蓉蛤仁

★ ★ 难度

原料 ingredients

鲜活蛤蜊·············· 400克
鸡蛋清················· 4个
火腿··················· 10克
青豆··················· 10克

调料 condiments

葱段·················· 5克
姜片·················· 5克
精盐·················· 适量
料酒·················· 适量
味精·················· 适量
鲜汤·················· 适量
味精·················· 适量
水淀粉················ 适量

制作步骤 method

① 把鲜活蛤蜊放入淡盐水中浸泡并刷洗干净，捞出蛤蜊，放入沸水锅内，快速焯烫至蛤蜊开口，捞出，沥净水分。

②火腿洗净，放在小碗内，加上葱段、姜片、少许料酒和清水，上屉旺火蒸至熟，取出晾凉，切成薄片；青豆择洗干净。

③鸡蛋清放入大蒸碗内，加上少许精盐、料酒、味精、鲜汤搅匀，入笼，用小火蒸成芙蓉蛋，取出，用手勺舀成形，盛入汤盘中。

④ 净锅置火上，加入鲜汤，下入蛤蜊、火腿片、青豆，加上精盐、料酒烧沸。

⑤ 撇去汤汁表面的涂抹，转小火煮至熟软，放上味精，用水淀粉勾薄芡并且推匀，出锅舀入盛有芙蓉蛋的汤盘内，上桌即成。

020 冷锅鱼

原料 鲜鱼1条（约750克），芹菜段适量。

调料 大葱段、蒜瓣各25克，花椒、干海椒段各10克，郫县豆瓣2大匙，精盐、白糖各少许，冷锅鱼调料3大匙，鸡精、白酒、胡椒粉、淀粉各适量，植物油250克。

制作步骤 method

① 鲜鱼洗净，表面剞上一字花刀，鲜鱼加上少许精盐、白酒、胡椒粉、淀粉拌匀，腌15分钟。

② 锅中加油烧热，下入葱段、蒜瓣、花椒、郫县豆瓣和干海椒段炒味，加入精盐、白糖、冷锅鱼调料和鸡精炒匀，加清水、鲜鱼，煮至鱼熟，出锅装盆，撒上葱段、芹菜段，上桌即可。

021 辣炒海肠

原料 海肠段400克，鲜红尖椒75克。

调料 大葱段、姜片各15克，精盐、米醋、胡椒粉、味精、鸡精、清汤、水淀粉、淀粉、植物油、花椒油各适量。

制作步骤 method

① 海肠段放入沸水锅内，加上葱段、姜片焯烫一下，捞出。

② 将精盐、胡椒粉、味精、鸡精、清汤和水淀粉放小碗内调匀成芡汁。

③ 锅中加油烧热，放入红尖椒、葱段、姜片煸炒香，放入海肠段，翻炒均匀，烹入对好的芡汁炒匀，淋上花椒油推匀，出锅装盘即可。

022 麻辣鳝丝

原料 鳝鱼肉500克，熟芝麻少许。

调料 姜片、葱段、精盐、料酒、白糖、味精、红辣椒、辣椒粉、花椒粉、植物油各适量。

制作步骤 method

① 鳝鱼肉洗净，切丝，加上少许精盐、料酒、姜片、葱段拌匀，腌渍入味。

② 净锅中加油烧热，下入鳝鱼丝炸至呈棕红色时，捞出沥油。

③ 锅留底油烧热，放入姜片、葱段炝锅，加入鳝丝、料酒、精盐、白糖、味精，小火烧至汁亮油时，去掉姜葱，放入红辣椒、辣椒粉、花椒粉拌匀，出锅晾凉，撒入熟芝麻即成。

★★难度

★★★难度

023 辣烧花蛤

原料 花蛤400克，洋葱丁50克，青红尖椒各25克。

调料 精盐1小匙，料酒1大匙，豆瓣酱、红酱油、胡椒粉、水淀粉、植物油、香油各适量。

制作步骤 method

① 花蛤洗净，放入沸水锅内焯烫一下，取出放入冷水中过凉，再捞出花蛤，沥净水分。

② 锅中加油烧热，先放入洋葱丁煸炒至变色，加入剁碎的豆瓣酱炒匀。

③ 加入青红尖椒段，继续煸炒香，加入红酱油、精盐、料酒、胡椒粉烧沸，倒入花蛤，翻炒至入味，勾芡，淋上香油，出锅装盘即可。

024 大千樱桃鸡

原料 净田鸡400克，尖椒片50克，鸡蛋清1个。

调料 干红辣椒段10克，花椒5克，精盐1小匙，郫县豆瓣、酱油各1大匙，料酒2大匙，淀粉、胡椒粉、香油各少许，植物油适量。

制作步骤 method

① 净田鸡剁成块，加上精盐、料酒、鸡蛋清和淀粉拌匀，放入油锅内炸上颜色，捞出沥油。

② 锅留底油烧热，下入干辣椒、花椒炒至香味，下入郫县豆瓣、田鸡、尖椒片、料酒、酱油和胡椒粉炒匀，淋上香油，出锅装盘即成。

★★难度

025 独蒜烧牛蛙

原料 牛蛙500克，去皮大蒜75克。

调料 姜片、葱段各15克，精盐、郫县豆瓣、料酒、酱油、白糖、米醋、味精、鲜汤、水淀粉、植物油各适量。

制作步骤 method

① 牛蛙洗净，剁成块，加上少许精盐、料酒拌匀；大蒜放入油锅炸上色，捞出上笼蒸熟。

② 锅中加油烧热，下入牛蛙块稍炸一下，洋去锅内余油，加入郫县豆瓣炒至油呈红色。

③ 再放入姜片、葱段炒香，加入鲜汤烧沸，放入精盐、料酒、酱油、白糖、米醋烧沸，放入大蒜、味精烧入味，勾薄芡，出锅装盘即成。

026 荷塘秋色

原料 河蟹块200克，河虾、净牛蛙块各150克，莲藕条100克，鲜莲子50克。

调料 葱段、姜片、蒜片各10克，干红辣椒碎5克，花椒末3克，精盐1小匙，白糖2小匙，郫县豆瓣1大匙，植物油750克，清汤150克。

制作步骤 method

① 把河蟹块、河虾和牛蛙块分别放入清水锅内汆烫一下，捞出沥去水分。

② 锅中加油烧热，把蟹肉块、河虾、牛蛙块和莲藕条分别放入油锅内冲炸，取出沥油。

③ 原锅留油烧热，加入全部调料和原料，烧至熟嫩，出锅即成。

027 资中兔子面

原料 面条、兔肉面各500克，熟芝麻适量。

调料 葱段、姜片、八角、桂皮、精盐、料酒、酱油、白糖、米醋、花椒粉、姜汁、油辣子各适量。

制作步骤 method

① 兔肉洗净，放入沸水锅内略烫，捞出放入锅内，加入葱段、姜片、八角、桂皮、精盐、料

酒、酱油、白糖、清水烧沸，转小火煮熟，兔肉粒再放入锅内，熬煮几分钟成兔肉臊子。

② 锅中加上清水烧沸，下入面条煮至熟，捞入碗内，加上米醋、花椒粉、姜汁、油辣子和熟芝麻，再放上少许兔肉臊子即成。

★ ★ 难度

★ ★ 难度

028 铁板沙茶牛柳

原料 牛里脊肉片400克，洋葱丝50克，鸡蛋清1个，香菜段25克。

调料 精盐、味精、鸡精各1小匙，沙茶酱1大匙，料酒2大匙，水淀粉适量，淀粉2小匙，植物油750克（约耗50克）。

制作步骤 method

① 牛肉片加上鸡蛋清、味精、鸡精、料酒、淀粉拌匀，下入热油锅中滑熟，捞出沥油。

② 锅中留油烧热，下入沙茶酱炒香，放入牛肉片、精盐、味精炒匀，再用水淀粉勾芡，出锅。

③ 把铁板置于火上烧热，撒上洋葱丝、香菜段，再把炒好的牛柳盛在上面，上桌即可。

029 内江牛肉面

原料 面条500克，牛腩肉300克。

调料 葱段、姜片、精盐、料酒、白糖、八角、桂皮、老汤各适量，红酱油3大匙，辣椒油1大匙。

制作步骤 method

① 锅中放入牛肉块、酱油和白糖、老汤、料酒、葱、姜、八角、桂皮烧沸，改用小火焖熟，捞出牛肉和少许汤汁成浇头。

② 牛肉汤汁烧沸，加入精盐、味精、葱花、少许酱油调匀，盛入碗中，再将面条煮熟，投入盛有肉汤的碗中，淋入牛肉浇头和辣椒油即可。

★ ★ 难度

030 大千蟹肉

★★★ 难度

原料 ingredients

螃蟹	750克
猪里脊肉	50克

调料 condiments

姜块	15克
蒜瓣	15克
葱段各	15克
郫县豆瓣	2大匙
泡辣椒	适量
鲜汤	适量
精盐	适量
白糖	适量
醪糟汁	适量
米醋	适量
味精	适量
植物油	适量

制作步骤 method

① 把螃蟹去掉壳、内脏和蟹鳃，用清水漂洗干净，沥水，剁成小块。

② 猪里脊肉去掉筋膜，洗净，沥水，切成细丝；郫县豆瓣剁碎；泡辣椒去蒂，切碎；姜块洗净，切成小片；蒜瓣去皮，切成小片。

③ 净锅置火上，放入植物油烧至五成热，下入螃蟹块冲炸一下，捞出，沥油。

④ 锅内留少许底油，复置火上烧热，先放入猪肉丝煸炒至变色。

⑤ 下入郫县豆瓣碎、泡辣椒碎、姜片、蒜片、葱段炒至油红出香时。

⑥ 加入鲜汤，放入蟹肉，加上精盐、白糖、醪糟汁、米醋、味精推匀，烧至汁浓亮油时，出锅，装盘上桌即成。

031 大蒜烧龙虾

原料 小龙虾500克，大蒜75克，青蒜苗段少许。

调料 姜片、葱段各少许，精盐、味精、胡椒粉、清汤、香油、植物油各适量。

制作步骤 method

① 把小龙虾洗涤整理干净，再放入热油锅中略炸一下，捞出沥油；大蒜去皮，洗净，放入油锅内煎炸上颜色，捞出沥油。

② 净锅置火上，放入少许植物油烧热，下入姜片、葱段炒香，再放入小龙虾略炒一下。

③ 然后加入蒜瓣，添入清汤，用中火烧约10分钟，再调入精盐、味精烧至熟透入味，撒上胡椒粉，淋入香油，撒上蒜苗段，出锅即成。

032 彩椒牛肉炒饭

原料 米饭300克，牛肉丁150克，青、黄、红椒丁各50克，洋葱30克，香菇2朵，鸡蛋1个。

调料 精盐、醪糟、淀粉、酱油各1小匙，胡椒粉1/2小匙，植物油适量。

制作步骤 method

① 牛肉放入碗内，加入酱油、醪糟、淀粉调匀，腌渍10分钟；香菇切丁。

② 鸡蛋磕入碗中搅散；洋葱洗净，切成小粒；锅中加油烧热，倒入鸡蛋液炒至定浆，盛出。

③ 锅中加油烧热，放入香菇丁、洋葱丁炒香，加入米饭炒散，放入剩余原、调料炒匀，即可出锅。

033 醋椒浸牛舌

原料 牛舌200克，酸野山椒100克，红辣椒25克。

调料 精盐1/2小匙，味精、鸡精、香油各1小匙，白糖1大匙。

制作步骤 method

① 牛舌洗净，放入沸水锅中煮熟，除去白色外皮和黄色杂质，切片；红辣椒洗净，切菱形片。

② 将牛舌片、酸野山椒、红辣椒片放入盆中，加入精盐、味精、鸡精、白糖调拌均匀，再淋上香油，装盘上桌即可。

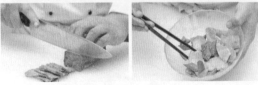

034 怪味海螺

原料 海螺肉300克，黄瓜50克。

调料 姜15克，葱15克，醋5克，酱油6克，料酒25克，精盐3克，香油10克，芝麻酱50克，肉汤20克。

制作步骤 method

① 海螺肉洗净，放小盆内，加肉汤、料酒、姜片、葱段，上笼蒸约1小时，取出晾凉后切片；黄瓜洗净去籽后切片。

② 取一调味碗，放入芝麻酱，用冷鲜汤稀释，放入精盐、酱油、味精、香油、醋，调匀成麻酱味汁；将黄瓜皮入盘垫底，面上盖好海螺肉，淋上麻酱味汁即成。

035 炝拌牛百叶

原料 熟牛百叶丝300克，青椒丝、红椒丝各15克，芝麻10克，红干辣椒丝3克。

调料 蒜末10克，葱末5克，精盐、味精、鸡精、生抽各1/2小匙，白糖、陈醋、红油各1小匙，胡椒粉、料酒、花椒油各少许，植物油适量。

制作步骤 method

① 牛百叶丝、青椒丝、红椒丝、葱末、蒜末放入容器内拌匀，加陈醋、白糖、精盐、味精、鸡精、生抽、胡椒粉、料酒调匀，码放在大盘内，淋上红油、花椒油拌匀，再淋入香油。

② 锅中加油烧热，下入干辣椒丝、芝麻炸香，浇在百叶上即成。

036 川味八宝面

原料 切面500克，猪肉末100克，毛豆粒、花生、豆干、木耳、胡萝卜、冬笋、红椒各适量。

调料 葱末、姜末各10克，精盐、白糖各1大匙，胡椒粉1/2小匙，辣酱3大匙，甜面酱1小匙，酱油、植物油各2大匙。

制作步骤 method

① 木耳泡发，切丝；胡萝卜、冬笋切丁；把面条放入沸水锅中煮熟，捞出放入面碗中。

② 锅中加油，下入猪肉末煸炒至变色，加入葱末、姜末炒匀，再放入精盐、白糖、胡椒粉、辣酱、甜面酱、酱油和少许清水烧沸，放入剩余原料炒至浓稠入味，盛入面碗中即可。

037 干烧大虾

原料 ingredients

大虾	500克
猪板油	40克
鸡蛋	1/2个

调料 condiments

葱姜末	5克
精盐	少许
料酒	1大匙
淀粉	1大匙
郫县豆瓣	1大匙
植物油	500克
酱油	适量
鸡汤	适量
白糖	适量
米醋	适量
香油	适量

制作步骤 method

① 大虾从脊背处片开成两半，去掉虾肠，洗净，放碗里，加上少许葱姜末、精盐和料酒拌匀，再加鸡蛋和淀粉调匀；猪板油切成小丁；郫县豆瓣剁细。

② 锅置火上，放入植物油烧热，放入大虾冲炸一下，捞出；待锅内油温升高时，再放入大虾炸至皮酥，捞起控油。

③ 锅留底油烧热，放入豆瓣、板油丁、葱姜末炒出香味，放入大虾、酱油、鸡汤、料酒和白糖烧入味，烹入米醋，淋上香油推匀，出锅装盘，上桌即成。

038 生爆盐煎肉

★ ★ 难度

原料 猪腿肉300克，青蒜100克。

调料 郫县豆瓣1大匙，豆豉10克，精盐1/2小匙，味精1/3小匙，植物油2大匙。

制作步骤 method

① 猪腿肉洗净，切成小片；青蒜洗净，切成小段；郫县豆瓣、豆豉剁碎。

② 锅置火上，倒入植物油烧六成热，放入猪肉片煸炒片刻，加入精盐煎炒到肉片吐油。

③ 放入郫县豆瓣、豆豉，继续炒至肉片呈红色时，放入青蒜段，加入味精炒至青蒜段断生，出锅装盘即可。入汤碗内即成。

039 椒麻童子鸡

★ ★ ★ 难度

原料 仔鸡肉300克，熟芝麻15克，尖椒少许。

调料 葱花、青花椒各10克，精盐、味精、白糖各1小匙，辣椒油3大匙，香油少许。

制作步骤 method

① 仔鸡肉洗净，放入清水锅中煮至刚熟，捞出晾凉，剁成2厘米见方的块，整齐地码入盘中。

② 青花椒洗净，剁碎；尖椒去蒂及籽，洗净，切成小粒，加入精盐、香油拌匀。

③ 将味精、白糖、辣椒油、花椒末、尖椒粒放入小碗中调拌均匀，浇在鸡肉上，再撒上熟芝麻和葱花即可。

040 麻辣烫

原料 净毛肚条、牛肉丸、熟肥肠、熟鸭肠、香肠、莲藕片、土豆片、豆腐皮条、金针菇、蘑菇、豆腐块、水发海带条、水发木耳各适量。

调料 草果、茴香、八角、桂皮、鲜汤、花椒、胡椒、干辣椒、精盐、郫县豆瓣、永川豆豉、辣椒粉、冰糖、料酒、牛油、植物油各适量。

制作步骤 method

① 熟肥肠、熟鸭肠切段，把所有加工好的原料用竹签子串成串，分别码放在盘内。

② 锅中加油烧热，所有调料调匀，旺火烧煮至沸，熬煮成麻辣烫味汁，放入串好的原料串，边吃边烫即可。

041 辣汁卤排骨

原料 猪排骨块500克，青椒圈、红椒圈各20克。

调料 葱段、姜片各10克，精盐、豆豉辣酱各1小匙，水淀粉3大匙，辣味卤汁适量，植物油2000克（约耗60克）。

制作步骤 method

① 排骨块用沸水焯烫一下，捞出放入热油中炸熟，捞出沥油。

② 将辣味卤汁倒入锅中，放入猪排骨，旺火烧开后转小火卤约20分钟，捞出装盘。

③ 锅中加油烧热，先放入葱段、姜片、辣椒圈炒香，再加入豆豉辣酱、精盐、水淀粉炒匀，浇在排骨上即可。

042 绿豆粉

原料 绿豆粉300克，大米粉100克。

调料 食用碱少许，蒜蓉、香葱花、红酱油、米醋、辣椒油、香油各适量。

制作步骤 method

① 将绿豆粉、大米粉放在容器内，加上适量温开水和食用碱调开成粉浆。

② 取白铁箩一个，用沾油布将箩面擦过，舀入一勺粉浆，在开水锅内水面上用力旋转，使粉浆凝结，将箩斜灌入热水微煮使熟透，再放入冷水中稍浸，用手指顺箩壁顶开，取下绿豆粉。

③ 绿豆粉切成条，放在盘内，加上蒜蓉、香葱花、红酱油、米醋、辣椒油和香油拌匀即成。

043 辣泡荷兰豆

原料 嫩荷兰豆300克，红辣椒25克。

调料 蒜泥20克，精盐1小匙，味精少许，虾酱2大匙，白糖、米醋各2小匙，辣椒粉1大匙。

制作步骤 method

① 荷兰豆洗净，放入沸水锅中焯透，捞出沥干；红辣椒去蒂，洗净，切成小圈。

② 将蒜泥、精盐、味精、虾酱、白糖、米醋、辣椒粉放入容器中调匀，制成腌泡汁。

③ 将荷兰豆、红辣椒圈放入容器中，加入腌泡汁浸泡2小时，即可食用。

044 油辣佛手笋

原料 鲜嫩冬笋750克，鲜辣椒30克。

调料 姜末、蒜泥各5克，精盐、味精、花椒粉各少许，酱油2小匙，肉汤5大匙，植物油2大匙。

制作步骤 method

① 将鲜冬笋削去老根，剥去外壳，再削去内皮，放入沸水锅中煮5分钟，捞出冲凉，取出切成两半，片成薄片，再切成丝（不切断）即成佛手笋。

② 将辣椒去籽，洗净，切成小段，放入热油锅中煸炒片刻，加入姜末、蒜泥、酱油、精盐、花椒粉、味精和肉汤烧沸，出锅装碗，趁热放入佛手笋，腌渍30分钟即可。

045 成都担担面

原料 细面条250克，猪五花肉末100克，水发木耳、香菇、口蘑、熟芝麻、香葱粒各适量。

调料 蒜泥15克，精盐、味精各少许，白糖、料酒、酱油、清醋、芝麻酱、植物油各1大匙，香油、辣椒油各1小匙，鸭汤适量。

制作步骤 method

① 芝麻酱加入白糖、清醋、精盐、味精、香油、辣椒油拌匀成味汁。

② 将木耳、香菇、口蘑分别择洗干净，捞出沥水，均切成小粒，入锅焯水，捞出。

③ 锅中加入清水烧沸，下入面条煮约6分钟至熟，捞出面条，装入大碗中。

④ 锅中加油烧热，下入猪肉末煸炒至变色，烹入料酒，放入木耳粒、香菇粒、口蘑粒炒匀，再倒入调好的味汁略炒。

⑤ 然后添入鸭汤烧煮至沸，出锅倒入盛有面条的碗中，撒上香葱粒、熟芝麻、蒜泥即可。

★★★ 难度

046 蒜泥羊肚

原料 羊肚350克，红辣椒、青椒、水发黑木耳各50克。

调料 蒜末25克，精盐1/2小匙，味精、鸡精、香油各1小匙。

制作步骤 method

① 将羊肚除去内膜和油脂，用清水洗净；红辣椒、青椒、黑木耳分别洗净，切成细丝。

② 锅中加入清水，放入羊肚旺火烧开，再转小火煮至九分熟，捞出冲凉，切成细丝。

③ 将羊肚、红辣椒、青椒、木耳放入盆中，加入精盐、味精、鸡精、蒜末拌匀，再淋上香油即可。

047 香辣萝卜干

原料 萝卜干300克，红辣椒丝150克。

调料 蒜末5克，冰糖、酱油各1大匙，辣椒油1小匙，料酒适量，植物油3大匙。

制作步骤 method

① 冰糖放入碗中捣碎，加入少许热水调匀成冰糖水；萝卜干放入冷水中浸泡片刻，以去除部分盐分，取出萝卜干，沥水，改刀切段。

② 坐锅点火，加入植物油烧热，下入红辣椒、蒜末炒出香味，再放入切好的萝卜干炒香。

③ 然后加入冰糖水，用中火炒至萝卜干变色，最后加入酱油、辣椒油、料酒拌炒均匀，转旺火快速翻炒至入味，出锅装盘即可。

★ ★ 难度

048 白汁鱼肚卷

★ ★ 难度

原料 ingredients

水发鱼肚	300克
鱼糁	200克
蛋清糊	适量
熟菜心	适量

调料 condiments

清汤	适量
精盐	适量
胡椒粉	适量
味精	适量
水淀粉	适量

制作步骤 method

① 水发黄鱼肚去尽油，切成5厘米长、2.5厘米宽、0.5厘米厚的片，放入汤锅内煨15分钟，捞出挤干汤汁，平铺盘内，逐片抹上一层蛋清糊，再抹上鱼糁，裹成卷筒，上笼蒸至熟，取出。

② 鱼肚卷冷后一切为二，切口向下放在蒸碗内，上笼蒸5分钟，出锅。

③ 用一圆盘，把熟菜心垫底，将蒸肚鱼卷的碗取出，翻在菜心上；锅内放入清汤、精盐、胡椒粉、味精烧沸，用水淀粉勾芡，淋在鱼肚卷上即成。

049 多味黄瓜

原料 黄瓜500克。

调料 干椒丝、姜丝、精盐、酱油、白糖、米醋、植物油、香油各适量。

制作步骤 method

① 将黄瓜洗净，切块，加入精盐腌渍片刻。

② 锅中加油烧热，放入干椒丝、姜丝炒香，再加入酱油、白糖、米醋略熬成汁，然后加入香油搅匀，倒入碗中。

③ 将腌好的黄瓜块放入调味碗中拌匀，腌制20分钟，即可装盘上桌。

050 辣炒蛤蜊

原料 活蛤蜊400克，青椒块、红椒块各50克。

调料 葱末、姜末、蒜瓣、辣椒酱、白糖、胡椒粉、料酒、酱油、白醋、植物油、香油各适量。

制作步骤 method

① 蛤蜊洗净；锅加清水烧沸，放入蛤蜊煮至开壳，捞出，用原汤冲净。

② 锅中加油烧热，下入葱末、姜末、蒜末炝锅，加入辣椒酱、青椒块和红椒块炒匀。

③ 再加入料酒、白醋、酱油、白糖、胡椒粉调好口味。

④ 放入蛤蜊快速翻炒至熟，淋入香油炒匀，出锅装盘即成。

051 豆豉酱炒鸡片

原料 鸡胸肉片300克，豆豉25克。

调料 蒜片、姜末、小辣椒、胡椒粉、白糖、淀粉、料酒、酱油、香油、植物油各适量。

制作步骤 method

① 锅中加油烧热，放入豆豉煸炒出香味，再加入姜末、白糖、香油炒匀，出锅成豆豉酱汁。

② 鸡胸肉片加入少许料酒、酱油、淀粉、胡椒粉拌匀并腌渍入味，放入滑至变色，捞出沥油。

③ 原锅留底油烧热，下入蒜片和小辣椒炒出香辣味，再倒入调制好的豆豉酱汁翻炒至浓稠。

④ 然后放入滑好的鸡肉片快速翻炒至均匀入味，出锅装盘即可。

052 酱汁鱿鱼粒

★ 难度

原料 鱿鱼1000克，黄瓜丁、胡萝卜丁各50克。

调料 葱末、姜末、蒜末、辣椒酱、胡椒粉、料酒、香油各少许，淀粉适量，植物油750克。

制作步骤 method

① 鱿鱼肉洗净，切成小粒，加入料酒和水淀粉拌匀，放入沸水锅焯烫，捞出沥水。

② 锅中加油烧热，先下入葱末、姜末和蒜末炝锅，再烹入料酒，加入辣椒酱炒香，放入黄瓜丁和胡萝卜煸炒片刻。

③ 然后撒上胡椒粉略炒，放入鱿鱼粒炒至入味，最后用水淀粉勾薄芡，再淋入香油调味，出锅装盘即成。

★★★ 难度

053 杭椒牛柳

原料 牛肉条300克，杭椒200克，鸡蛋1个。

调料 精盐、味精各1/2小匙，鸡粉1/3小匙，料酒2大匙，淀粉1大匙，嫩肉粉、香油各1小匙，植物油750克(约耗50克)。

制作步骤 method

① 牛肉条加入味精、鸡粉、料酒、蛋液、嫩肉粉、淀粉抓匀；杭椒洗净，切去两端。

② 锅中加油烧至六成热，下入牛肉滑熟，捞出沥油，再放入杭椒滑至翠绿，捞出沥干。

③ 锅中留底油，放入杭椒、牛柳、精盐、味精、鸡粉、料酒炒匀，再用水淀粉勾芡，淋入香油即可。

★★★ 难度

054 熏拌鸭肠

原料 鸭肠500克，红辣椒丝、香菜段各20克。

调料 蒜蓉10克，精盐150克，味精3大匙，白糖2大匙，辣椒油1大匙，老汤800克，熏料(大米100克，白糖25克，茶叶15克)。

制作步骤 method

① 锅中加入老汤、精盐、味精、白糖烧开，再放入鸭肠，酱煮片刻，捞出沥干。

② 取铁锅一只，在锅底撒上一层大米、茶叶、白糖，架上一个铁箅子，放上鸭肠，盖严锅盖，烧至锅内冒出浓烟，取出鸭肠，切段，加入辣椒油、蒜蓉、香菜段、红辣椒丝拌匀即可。

055 鱼香扇贝

★ ★ 难度

原料 ingredients

扇贝·····················1000克
鸡蛋·························1个

调料 condiments

泡辣椒·····················适量
姜末·······················适量
蒜末·······················适量
精盐·······················适量
酱油·······················适量
白糖·······················适量
米醋·······················适量
料酒·······················适量
味精·······················适量
清汤·······················适量
淀粉·······················适量
植物油·····················适量

制作步骤 method

① 将扇贝揭开外壳，取净扇贝肉，去掉杂质，放入淡盐水中浸泡并洗净，捞出，放在碗内，加上料酒、精盐、鸡蛋和淀粉拌匀上浆；把扇贝外壳刷洗干净，码放在盘内。

② 净锅置火上，放入植物油烧至六成热，逐个下入扇贝肉炸至稍硬，捞出；待油温上升时，再放入油锅内炸呈金黄色、皮酥，捞出，放在扇贝壳内。

③ 锅内留少许底油烧热，下入泡辣椒、姜末、蒜末炒出香辣味，加入酱油、白糖、米醋、料酒、味精、清汤烧浓稠，出锅淋在扇贝上即成。

056 卤豆腐

原料 大豆腐2块，红辣椒2根。

调料 酱油4大匙，沙茶酱1大匙，豆瓣酱2大匙，香油1/2小匙，高汤750克，植物油适量。

制作步骤 method

① 豆腐洗净，切成厚片；红辣椒洗净，去蒂及籽，切成细丝。

② 锅中加油烧至五成热，放入豆腐片炸至表皮稍硬，捞出沥油。

③ 锅中加入高汤、沙茶酱、豆瓣酱、酱油烧沸，放入豆腐小火卤煮20分钟，再盛入碗中，撒上红辣椒丝，淋上香油即可。

057 干煸牛肉丝

原料 牛肉300克，芹菜30克，青蒜段15克。

调料 姜丝5克，精盐、辣椒粉各1/2小匙，味精少许，白糖、酱油、花椒油、料酒各2小匙，米醋1小匙，豆瓣酱4小匙，植物油2大匙。

制作步骤 method

① 将牛肉剔去筋膜，洗净，切成丝；芹菜择洗干净，切成小段。

② 锅中加入植物油烧至六成热，放入牛肉丝炒至酥脆，再加入豆瓣酱、辣椒粉、白糖、料酒、酱油、精盐、味精炒匀。

③ 然后放入芹菜段、青蒜段、姜丝略炒，烹入米醋炒匀，盛入盘中，淋上花椒油即可。

058 XO酱炒鸡丁

原料 鸡胸肉400克，红椒丁、黄椒丁各15克。

调料 葱段10克，姜片5克，精盐少许，酱油、料酒各1小匙，淀粉适量，XO酱、植物油各3大匙。

制作步骤 method

① 鸡胸肉洗净，切成丁，加入酱油、料酒、淀粉拌匀，腌20分钟。

② 锅中加入植物油烧热，下入葱段、姜片炒香，再放入鸡肉丁炒散，盛出。

③ 锅加底油烧热，放入红椒丁、黄椒丁，加入XO酱、精盐、鸡丁翻炒均匀，出锅装盘即可。

059 腊肉炒茼蒿

原料 腊肉、茼蒿各150克，红辣椒1个。

调料 姜块5克，精盐少许，醪糟1小匙，植物油2大匙。

制作步骤 method

① 腊肉刷洗干净，放入沸水锅中焯烫，捞出晾凉，切成薄片。

② 茼蒿择洗干净，切成段；姜块去皮，洗净，切成丝；红辣椒去蒂，去籽，洗净，切成小粒。

③ 锅中加入植物油烧热，下入姜丝、红辣椒粒爆香，放入腊肉、茼蒿段炒匀，再加入醪糟、精盐炒至入味，出锅装盘即可。

060 回锅鸭肉

原料 鸭肉300克，竹笋100克，菜花50克，青椒、红椒各20克。

调料 白糖、酱油、豆豉酱、辣豆瓣酱、淀粉各适量，植物油2大匙。

制作步骤 method

① 鸭肉洗净，用少许精盐、料酒擦匀装盘，再放入蒸锅，隔水蒸12分钟，取出切片；竹笋洗净、切片；菜花、青椒、红椒洗净、切块。

② 锅中加油烧热，先下入豆豉酱、辣豆瓣酱炒香，再放入竹笋、菜花、青椒、红椒、鸭肉翻炒均匀，用水淀粉勾芡，即可出锅装盘。

061 辣子肥肠

原料 净猪大肠500克，干红辣椒100克。

调料 姜片、蒜片各10克，花椒粒20克，精盐、鸡精、白糖各1/2小匙，酱油1小匙，料酒1大匙，植物油适量。

制作步骤 method

① 猪大肠洗净，放入清水锅中煮熟，捞出晾凉，切成小块，再下入六成热油中略炸，捞出沥油。

② 锅中留底油烧热，先下入姜、蒜炒香，再放入干辣椒、花椒，转中火炒至变色，然后入猪大肠翻炒片刻，再放入料酒、酱油、白糖、鸡精炒至入味，即可出锅装盘。

062 木耳炒鸡

原料 鸡腿块400克，西蓝花100克，水发黑木耳30克，胡萝卜片、青蒜段各少许。

调料 精盐1/2小匙，酱油2大匙，白糖、米醋各1小匙，料酒1大匙，胡椒粉、水淀粉各少许。

制作步骤 method

① 鸡腿块焯烫，捞出；木耳洗净，撕成小片；西蓝花洗净，掰成小朵，焯烫，捞出。

② 锅中加入适量清水，先放入鸡块、木耳、胡萝卜、精盐、酱油、白糖、米醋、料酒、胡椒粉旺火烧沸，再转小火烧至入味，然后加入西蓝花续煮5分钟，再放入青蒜煮匀，用水淀粉勾芡，即可出锅。

063 香辣羊肉

原料 羊肋肉500克，熟芝麻25克。

调料 葱段、蒜蓉、辣椒粉、嫩肉粉、番茄汁、精盐、白糖、白醋、水淀粉、植物油各适量。

制作步骤 method

① 锅中加油烧热，放入番茄汁、精盐、白醋、白糖和清水烧沸，勾薄芡，出锅成味汁。

② 羊肋肉切片，放入碗中，加入精盐、嫩肉

粉、水淀粉拌匀。

③ 锅中加油烧至六成热，下入蒜蓉、辣椒粉炒香，放入羊肋肉片和葱段煸炒至肉片熟嫩。

④ 烹入调制好的味汁，快速翻炒至均匀入味，出锅装入盘中，再撒上熟芝麻即可。

★ ★ 难度

064 金针煮肥牛

原料 肥牛肉300克，金针菇、粉丝各100克，榨菜末、豆苗、香菜末各30克。

调料 精盐、白糖、酱油、辣酱、香油各2小匙，胡椒粉1/2小匙。

制作步骤 method

① 金针菇、豆苗择洗干净，将豆苗用沸水略烫，捞出沥干，摆在盘中；粉丝泡软。

② 锅中加入清水，放入辣酱、酱油、精盐烧沸，下入金针菇、粉丝、肥牛略煮，依次码入盘中。

③ 锅中加油烧热，放入剩余调料和榨菜炒匀，浇在肥牛上，撒上香菜即可。

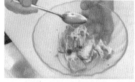 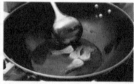

065 豆豉蒸排骨

原料 猪排骨500克，小油菜30克。

调料 葱花10克，精盐、蚝油、豆豉、料酒各1小匙，植物油2大匙。

制作步骤 method

① 将猪排骨洗净，剁成小段，再放入盆中，加入蚝油、豆豉、精盐、料酒拌匀，腌渍5分钟至入味；油菜择洗干净，放入沸水中焯烫一下，捞出沥干，摆入盘中。

② 将腌好的排骨放入蒸锅中，用旺火蒸约25分钟至熟，取出摆在小油菜上，撒上葱花。

③ 坐锅点火，加油烧热，出锅浇淋在猪排骨上即可。

★ ★ ★ 难度

066 荔枝鱿鱼卷

★ ★ 难度

原料 ingredients

水发鱿鱼……………… 400克

调料 condiments

大葱…………………… 15克
泡辣椒………………… 10克
精盐…………………… 适量
白醋…………………… 适量
料酒…………………… 适量
白糖…………………… 适量
酱油…………………… 适量
味精…………………… 适量
水淀粉………………… 适量
植物油………………… 适量

制作步骤 method

① 水发鱿鱼去掉头，用清水洗净，切成长4.5厘米、宽3.5厘米的片，再用正反刀剞成荔枝花纹。

② 把精盐、白醋、料酒、白糖、酱油、味精和水淀粉放小碗内调匀成荔枝味汁；大葱洗净，切成段。

③ 锅内放植物油烧热，下入泡辣椒、鱿鱼块、葱段，旺火炒至翻花成卷时，烹入荔枝味汁，迅速翻炒均匀，出锅装盘即成。

067 蒜香蒸海蛏

原料 海蛏5只，粉丝1束。

调料 精盐、鸡粉、胡椒粉、白糖、植物油各少许。

制作步骤 method

① 海蛏开壳、洗净，放回原壳，摆入盘中。

② 粉丝用清水泡软，捞出沥干，剪成小段，再用精盐、鸡粉拌匀，放在海蛏上。

③ 取一半蒜蓉炸至金黄，与另一半一起拌入精盐、鸡粉、胡椒粉、白糖，再冲入热油，撒在海蛏上，然后放入蒸锅蒸熟，取出装盘即可。

068 东北酱茄子

原料 茄条400克，猪肉末100克。

调料 葱末、姜末、蒜末各少许，辣椒段5克，黄酱2大匙，味精1/3小匙，料酒、白糖各1大匙，酱油1/2大匙，水淀粉适量，清汤少许，植物油1000克(约耗75克)。

制作步骤 method

① 茄子条放入热油锅内炸透，捞出沥油。

② 锅留油烧热，下入猪肉末炒至变色，再放入葱末、姜末、蒜末和辣椒段炒香，烹入料酒，加入黄酱、酱油、白糖炒匀，添入清汤烧沸。

③ 再放入茄条，烧至茄条入味，最后加入味精，用水淀粉勾芡，出锅装盘即可。

069 辣味茄丝

原料 茄子300克，鲜红辣椒50克。

调料 葱丝、姜丝各15克，蒜蓉10克，精盐少许，白糖2小匙，味精1小匙，酱油、料酒各1大匙，清汤、辣椒油各2大匙。

制作步骤 method

① 将茄子去蒂，洗净，切成5厘米长的细丝；鲜红辣椒去蒂，洗净，切成丝。

② 锅置火上，加入辣椒油烧至六成热，先下入葱丝、姜丝、蒜蓉和红辣椒丝炒出香辣味。

③ 再放入茄丝炒至熟嫩，加入精盐、料酒、酱油、白糖、味精、清汤烧至入味，出锅装盘即可。

070 剁椒鱼头

原料 鳙鱼头1个(约1200克)，剁椒50克。

调料 葱花、姜末、蒜末各10克，精盐、蚝油、味精各1小匙，胡椒粉少许，蒸鱼豉油、植物油各3大匙。

制作步骤 method

① 鱼头去鳃，洗净，从中间切开，平放在盘中。

② 坐锅点火，加油烧至六成热，下入剁椒、精盐、味精、姜末、蒜末、蚝油、蒸鱼豉油，用小火炒约5分钟，出锅后均匀地浇在鱼头上。

③ 将鱼头放入蒸锅中，用旺火蒸10分钟，取出后撒上葱花，即可上桌。

★★★ 难度

★ ★ 难度

071 鸡丝银粉

原料 盐焗鸡100克，黄瓜丝30克，土豆粉皮200克。

调料 白糖、精盐、味精、白醋各1/2小匙，香油1小匙，美极鲜酱油2小匙，红油1大匙，葱花10克。

制作步骤 method

① 黄瓜粗放窝盘内垫底；粉皮切条，放盘内黄瓜丝上；盐焗鸡用手撕成丝待用。

② 盆中放入美极鲜酱油、味精、香油、红油、白醋、白糖，充分调匀成味汁，淋入盘中粉皮上，撒上盐焗鸡丝和葱花即成。

★★★ 难度

072 椒香鳜鱼

原料 鳜鱼1条(约600克)，青椒丁80克，红椒丁120克，野山椒末30克。

调料 葱姜油20克，精盐、味精各1/2小匙，料酒1小匙，水淀粉2小匙，鲜汤1大匙，豆瓣酱2大匙。

制作步骤 method

① 鳜鱼洗涤整理干净，加入少许精盐、味精、料酒腌至入味，再放入蒸锅中蒸熟，取出。

② 锅中加入葱姜油烧热，先下入野山椒、青椒、红椒、豆瓣酱炒香，再添入鲜汤，加入料酒、精盐、味精调味，然后用水淀粉勾芡，浇在鱼上即可。

073 白菜螺片

★ ★ 难度

原料 ingredients

白菜	300克
螺片	100克
红椒片	少许

调料 condiments

精盐	1/2小匙
蒜片	2小匙
味精	1/4小匙
白糖	1小匙
葱油	1小匙

制作步骤 method

① 将白菜切成菱形块；螺片洗净。

② 将白菜片同螺片放于沸水锅中分别焯2～3分钟，捞出沥水。

③ 锅中加油烧热，放入红椒片炒香，再加入白菜片翻炒均匀，加入精盐、蒜片、白糖、味精同炒至入味。

④ 再加入螺片快速翻炒入味，淋明油出锅，即成。

074 红焖小土豆

原料 小土豆500克，猪肉100克，尖椒50克。

调料 葱段10克，姜片5克，八角2粒，精盐、鸡精、酱油、白糖、辣椒粉各1/2小匙，醪糟2小匙，植物油2大匙。

制作步骤 method

① 猪肉洗净，切成厚片；小土豆洗净。

② 锅中加油烧热，先下入猪肉片煎至出油，再加入八角、辣椒粉、醪糟、酱油和适量清水煮开，然后放入小土豆煮熟至收汁，再用锅铲将小土豆压扁，煎至上色即可。

075 翡翠拌腰花

原料 猪腰子300克，冲菜100克，红辣椒15克，香菜根10克。

调料 葱段、姜片、葱花、蒜末各10克，精盐、味精、白糖、胡椒粉各1/2小匙，香醋2小匙，芥末膏、料酒各1小匙，美极鲜酱油、鸡汤各2大匙。

制作步骤 method

① 猪腰片加入姜片、葱段、料酒腌约20分钟，入锅焯水，捞出沥干；美极鲜酱油、鲜鸡汤、香菜根、精盐、味精、白糖调匀成味汁。

② 熟冲菜粒加入精盐、香醋、芥末膏拌匀，放入腰片，淋入味汁，撒上红辣椒粒、葱花即可。

076 椒辣太白鸡

原料 嫩鸡腿肉块400克，净冬笋块100克，泡辣椒段20克。

调料 姜片、葱段、花椒、干海椒段、葡萄酒、精盐、味精、五香粉、酱油、香油、熟猪油各适量。

制作步骤 method

① 锅中加油烧热，爆香姜片、葱段、花椒、泡辣椒段、干海椒段，下入鸡腿肉煸炒至吐油。

② 再放入冬笋、葡萄酒、精盐、味精、五香粉、酱油和适量清水，用小火炖至熟透，淋入香油即可。

★ 难度

★★★ 难度

077 红油鱼肚

原料 水发鱼肚200克,粉皮100克。

调料 精盐1小匙,味精1小匙,红油2大匙,酱油1小匙,白糖1/5小匙,姜10克,胡椒粉2克,葱15克,料酒4小匙,植物油4小匙。

制作步骤 method

① 水发鱼肚洗净,切块;锅中加油烧热,下姜、葱炒香,掺入鲜汤烧沸,放入鱼肚,加入精盐、胡椒粉、料酒略煮入味,沥干汤汁晾凉。

② 粉皮切块,放入开水锅中焯制2分钟,捞起晾凉,粉皮装盘垫底,盆中加入精盐、味精、酱油、白糖、红油充分调匀后,放入鱼肚拌匀,盛于粉皮上即成。

078 宫烧嫩排骨

原料 嫩排骨500克,干红辣椒150克。

调料 葱段50克,姜片5克,白糖、鸡精、花椒粒、香油各1小匙,水淀粉1大匙,酱油、高汤、淀粉各2大匙,植物油1000克(约耗60克)。

制作步骤 method

① 排骨洗净,剁成小块,加入鸡精、淀粉及少量清水腌拌均匀;干红辣椒整理干净,切段。

② 锅中加入植物油烧热,放入腌好的排骨快速过油,捞出沥油。

③ 锅留底油,爆香花椒、干红椒、姜片、葱段,加入酱油、高汤及排骨烧至熟嫩,加入白糖、水淀粉勾芡,淋入香油即可。

★★★ 难度

079 川香仔鸡

原料 净仔鸡半只,熟芝麻15克,尖椒少许。

调料 葱花10克,精盐、味精、白糖各1小匙,青花椒2小匙,辣椒油3大匙,香油少许。

制作步骤 method

① 净仔鸡洗净,放入沸水锅中煮至刚熟,捞出晾凉,剁成2厘米见方的块,整齐地码入盘中。

② 青花椒洗净,剁细;尖椒洗净,去蒂及籽,切成小粒,再用精盐、香油拌匀。

③ 将味精、白糖、辣椒油、花椒末、尖椒粒放入小碗中拌匀成味汁,浇在仔鸡上,再撒上熟芝麻和葱花即可。

080 三椒小土豆

★★★ 难度

原料 土豆750克，米椒、杭椒、美人椒各50克。

调料 葱花、蒜末各5克，料酒、精盐各1大匙，味精、白糖各1小匙，鲜汤200克，植物油75克。

制作步骤 method

① 米椒、杭椒、美人椒分别去蒂及籽，洗净，再分别切成碎粒，加精盐拌匀；土豆去皮，洗净。

② 锅中加油烧热，先下入米椒、杭椒、美人椒稍炒，再放入葱花、蒜末炒香，添入鲜汤、料酒烧沸，放入土豆、精盐、白糖调匀，烧焖至土豆熟嫩，加入味精炒匀，即可出锅装碗。

081 姜汁海蜇卷

原料 水发海蜇皮200克，大头菜叶300克。

调料 鲜姜汁100克，精盐2大匙，味精1大匙，白糖2小匙。

制作步骤 method

① 将水发海蜇皮洗净杂质，切成细丝，再用淡盐水浸泡30分钟，捞出沥水；大头菜叶洗净，用沸水烫至软，捞出冲凉。

② 将适量蜇皮丝包入菜叶中，用手卷好，以棉绳捆牢，包成12个5厘米长、2厘米宽的海蜇卷。

③ 将鲜姜汁、精盐、味精、白糖放入大碗中调匀成卤汁，下入海蜇卷拌匀，浸卤20分钟，捞出装盘，淋上少许卤汁即可。

★★ 难度

082 剁椒茄条

原料 茄子250克,青尖椒50克。

调料 小米辣椒20克,精盐2小匙,味精1小匙,植物油3大匙,香油适量。

制作步骤 method

① 茄子去皮后洗净,切成条,放入蒸笼内,旺火蒸至熟嫩,取出,小米辣椒剁细;青尖椒洗净,沥干水分,切成碎末。

② 锅置火上,放入植物油烧热,下入青尖椒末、小米椒末煸炒出香辣味。

③ 加入茄条、精盐、味精调匀,淋上香油,出锅装盘即成。

083 干煸土豆片

原料 土豆500克,香菜50克,红干椒15克。

调料 蒜末5克,精盐1/2大匙,味精1小匙,白糖、花椒油、香油各1/2小匙,植物油适量。

制作步骤 method

① 将土豆去皮,洗净,切成薄片,再放入七成热油中炸至金黄色,捞出沥油。

② 香菜择洗干净,切成小段;红干椒洗净,

去蒂及籽,切成细丝。

③ 锅中留少许底油烧热,先下入红干椒丝、蒜末炒出香味,再放入土豆片,加入精盐、白糖、味精,转小火翻炒约2分钟,然后撒入香菜段,淋入花椒油、香油,即可出锅装盘。

★★★ 难度

084 茶熏八爪鱼

★★★ 难度

原料 ingredients

八爪鱼……………… 600克

调料 condiments

茶叶……………… 15克

花椒粉…………… 1/2小匙

白糖……………… 2大匙

料酒……………… 2大匙

老抽……………… 2小匙

生抽……………… 2小匙

制作步骤 method

① 八爪鱼洗净，放入清水锅中，加入老抽、生抽烧沸，转小火卤煮15分钟至入味，捞出沥水。

② 熏锅置火上，撒入白糖、茶叶拌匀，放入箅子，再放上八爪鱼，盖好锅盖。

③ 用小火烧至锅中冒烟，熏3分钟，关火后等烟散尽，取出八爪鱼，装盘上桌即成。

085 香麻豆腐

原料 豆腐块450克，猪五花肉末50克。

调料 香葱段15克，红干辣椒碎5克，酱油1大匙，味精、花椒粉各少许，香油、水淀粉各2小匙，豆瓣酱2大匙，植物油3大匙，鸡清汤750克。

制作步骤 method

① 锅中加入鸡清汤600克，放入豆腐丁煮沸，捞出待用。

② 锅中加油烧热，先放入肉末、豆瓣酱、干辣椒末略炒，再放入豆腐丁、酱油及余下的鸡清汤炒熟，然后加入味精、葱段调味，用水淀粉勾芡，淋入香油，出锅装盘，撒上花椒粉即可。

086 干煸南瓜条

原料 南瓜条500克，猪肉末50克，芽菜末25克。

调料 葱花5克，精盐1/2大匙，味精、料酒各1小匙，白糖、香油各1/2小匙，淀粉、植物油各3大匙。

制作步骤 method

① 南瓜条放入沸水锅中焯至三分熟，捞出沥干，然后裹匀淀粉，下入七成热油中炸至外皮酥脆，捞出沥油。

② 锅中留少许底油烧热，先下入猪肉末煸干水分，再烹入料酒，放入芽菜、葱花、南瓜条炒匀，然后加入精盐、白糖、味精，用小火煸炒5分钟至入味，再淋入香油，即可出锅装盘。

087 炒辣子鸡块

原料 鸡块750克，青椒、红椒各50克。

调料 干辣椒3克，葱段10克，姜片、蒜末各5克，精盐、味精各1/2小匙，酱油、米醋各2小匙，料酒2大匙，花椒粒、水淀粉各1大匙，鸡汤150克，香油1小匙，植物油3大匙。

制作步骤 method

① 青椒、红椒分别洗净，去蒂及籽，切成小片。

② 锅中加油烧至六成热，先下花椒粒炸出香味(捞出不用)，再放入姜片、蒜末、干辣椒略炒一下，然后加入鸡块炒匀，再放入精盐、味精、米醋、鸡汤稍焖，待汤汁快收干时，用水淀粉勾芡，淋入香油，即可出锅装盘。

088 泡椒鸭血

原料 鸭血1盒(约300克)，泡椒50克。

调料 葱末、姜末、蒜末各5克，精盐、味精、胡椒粉各1/3小匙，水淀粉1大匙，猪骨汤50克，辣椒油、植物油各1/2大匙。

制作步骤 method

① 将鸭血取出，切成小丁，放入沸水中焯透，捞出沥干；泡椒洗净，切段备用。

② 锅中加入辣椒油烧热，先下入葱、姜、蒜炒香，再放入鸭血、猪骨汤，加入精盐、味精、胡椒粉翻炒均匀，然后用水淀粉勾芡，淋入明油，出锅装盘即可。

★★★ 难度

★★★ 难度

★★★ 难度

089 素炒辣豆丁

原料 豆腐丁400克，胡萝卜丁、豌豆各50克，油炸花生米25克。

调料 葱末、姜末、蒜末各少许，味精1/3小匙，酱油、料酒各1大匙，辣椒酱、白糖各1/2大匙，清汤、水淀粉各适量，植物油1000克。

制作步骤 method

① 锅留少许底油烧热，下入葱末、姜末和蒜末炒香，烹入料酒，加入辣椒酱、白糖、酱油和清汤烧沸。

② 放入豆腐丁、胡萝卜丁和豌豆粒翻炒均匀，再加入味精调味，用水淀粉勾薄芡，撒上炸好的花生米炒匀，出锅装盘即成。

090 蓝花泡扇贝

原料 鲜贝肉400克，西蓝花块150克，红椒条50克，西芹段25克，鸡蛋清少许。

调料 姜末、精盐、白糖、味精、料酒、水淀粉各、高汤、橄榄油、淀粉、植物油各适量。

制作步骤 method

① 将西蓝花块、西芹段、鲜贝肉分别焯烫一下来，捞出沥干，鲜贝加入精盐、鸡蛋清、淀粉上浆，放入油锅内滑至熟，捞出沥油。

② 锅中加油烧热，爆香姜末，放入料酒、鲜贝肉、红椒条、西蓝花、西芹、胡椒粉、味精、白糖、精盐、高汤翻炒，用水淀粉勾芡，出锅即可。

091 红糟炸鳗段

★★★ 难度

原料 ingredients

鳗鱼·························· 1条
鸡蛋清······················ 1个

调料 condiments

姜末························· 20克
蒜末························· 20克
白糖······················· 3大匙
醪糟······················· 1小匙
酱油······················· 1小匙
地瓜粉····················· 4大匙
红糖······················· 100克
高粱酒····················· 少许
白胡椒粉··················· 少许
植物油····················· 1000克

制作步骤 method

① 将鳗鱼去内脏，洗涤整理干净，切成小段。

② 将姜末、蒜末放入大碗中，加入白糖、醪糟、酱油、红糖、高粱酒、白胡椒粉调匀，再放入鳗鱼段腌渍30分钟，然后托上蛋清，裹匀地瓜粉。

③ 锅中加油烧至五成热，放入鳗鱼段略炸，捞出沥油，待油温降至八成热时，再放入油锅炸熟，捞出装盘即可。

Part 5

30分钟
大菜上桌

鲜咸香辣
下饭菜

001 蒜薹炒腊肉

★ ★ 难度

原料 ingredients

蒜薹··················· 400克
腊肉··················· 100克

调料 condiments

姜末5克 ············· 1/2小匙
精盐··················· 1/2小匙
味精··················· 1/2小匙
香油··················· 1/2小匙
植物油················· 2大匙

制作步骤 method

① 将腊肉洗净，切成细条，再放入碗中，入锅隔水蒸透。
② 然后下入沸水锅中焯去咸味，捞出沥干；蒜薹洗净，切成小段。
③ 坐锅点火，加油烧热，先下入姜末炒出香味，再放入腊肉条、蒜薹段炒至断生，然后加入精盐、味精翻炒至入味，再淋入香油，即可出锅装盘。

002 山城毛血旺

原料 鸭血片、火腿片、肥肠、毛肚、鳝鱼、黄喉、豆皮、金针菇、魔芋、木耳、豆芽、莴笋各适量。

调料 麻椒、胡椒、豆蔻、草果、重庆火锅底料、料酒、干辣椒、泡椒、清汤、植物油各适量。

制作步骤 method

① 各种时蔬洗净，切块，放入锅内炒至近熟，出锅放入盆内垫底。

② 火锅底料放锅内，加入清汤和各种香料煮出味，放入其它原料煮熟，倒入盛有蔬菜的盆内。

③ 炒锅烧热，加入植物油烧至快冒烟时，放入辣椒、花椒炸香，淋在盆中即可。

004 辣子狗肉

原料 鲜狗肉700克。

调料 茴香、花椒、陈皮、桂皮、干辣椒段、葱段、姜片、蒜片、精盐、味精、料酒、酱油、豆瓣辣酱、植物油各适量。

制作步骤 method

① 狗肉洗净，切成片，用精盐、料酒、酱油浸泡30分钟，再放入热油锅中略炸，捞出沥油。

② 锅留底油，下入豆瓣辣酱、葱段、姜片、蒜片、干椒段炒香，加入清水、狗肉、花椒、桂皮、陈皮、茴香烧沸，转小火煮至熟烂，加入味精即成。

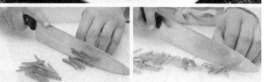

003 红油牛蹄筋

原料 熟牛蹄筋条400克，红干椒末100克，青椒条、红辣椒条、香菜段各50克。

调料 蒜末25克，精盐1/2小匙，味精、鸡精各1小匙，香油2小匙，植物油250克。

制作步骤 method

① 锅中加入植物油、红干椒，用小火加热，并轻轻搅动至油色变红，捞出红干椒成红油待用。

② 将牛蹄筋、青椒条、红辣椒条、香菜段放入盆中，加入精盐、味精、鸡精、蒜末拌至入味，再加入香油、红油调拌均匀，即可上桌食用。

005 水煮鱼

原料 草鱼1条(约1000克),黄豆芽250克。

调料 蒜瓣、花椒、泡辣椒油、精盐、料酒、味精、淀粉、胡椒粉、植物油、熟猪油各适量。

制作步骤 method

① 鱼肉片成片,放碗里,加上鸡蛋清、少许精盐、料酒、味精和淀粉拌匀。

② 汤锅置火上,放入熟猪油烧热,加入蒜瓣、姜片、花椒和豆瓣酱炒香,放入清水、鱼头、鱼骨块、料酒、精盐熬煮成汤汁,捞出鱼骨。

③ 放入鱼肉片汆烫至断生后,加入胡椒粉和味精调好口味,出锅倒在盛有黄豆芽的汤碗里,再淋上烧热的泡辣椒油,上桌即成。

006 打老虎

原料 新鲜湖藕条400克,带皮五花猪肉丁150克,米粉100克。

调料 葱花15克,姜末10克,精盐2小匙,酱油、料酒、白糖、味精、熟猪油、胡椒粉各适量。

制作步骤 method

① 将湖藕条加上少许姜末、精盐拌匀,再滚上一层米粉;五花肉丁加上精盐、姜末、酱油、料酒、白糖、味精和少许米粉调拌均匀。

② 取蒸碗1个,把猪肉丁码入蒸碗内,最后把湖藕条铺在肉丁上面,用皮纸把蒸碗密封,放入蒸锅内,将肉蒸熟,取出扣在盘内,撒上葱花和胡椒粉,再淋上烧热的香油,上桌即成。

007 鱼香茄花

原料 紫茄子750克,泡红辣椒末30克。

调料 葱花、姜末、蒜末各15克,味精少许,白糖、酱油、米醋各1大匙,料酒1小匙,水淀粉2大匙,鲜汤100克,植物油1000克(约耗125克)。

制作步骤 method

① 将茄子洗净,去蒂及皮,剞上花刀,切成厚块,再下入六成热油中炸至熟软,捞出沥油。

② 锅中留底油烧热,先下入泡红辣椒末炒成红色,再放入姜、葱、蒜炒香,然后添入鲜汤,加入茄花、酱油、米醋、白糖、料酒、味精炒至入味,再用水淀粉勾芡,即可出锅装盘。

008 泡小树椒

★ 难度

原料 小树椒500克。

调料 五香料包1个(花椒、八角、桂皮、丁香、小茴香各3克),精盐3大匙,白糖、料酒各2小匙,白酒1大匙。

制作步骤 method

① 将小树椒洗净,用清水浸泡,捞出沥干。

② 坐锅点火,加入适量清水,先放入五香料包、精盐、白糖、料酒、白酒旺火烧沸,再转小火熬煮5分钟,倒出晾凉。

③ 将小树椒码入泡菜坛中,倒入煮好的味汁,盖严坛盖,注入坛沿水,腌渍7天即可食用。

009 泡菜鱼

原料 鲫鱼400克,四川泡菜100克,冬笋25克。

调料 泡红辣椒15克,泡姜、葱花各10克,醪糟汁2小匙,肉汤250克,水淀粉、米醋各适量,植物油500克(约耗100克)。

制作步骤 method

① 将鲫鱼刮去鱼鳞,去掉鱼鳃和内脏,洗净后在鱼身两侧各剞上一字斜刀。

② 把四川泡菜去蒂,洗净,攥干水分,切成4厘米长的细丝;冬笋洗净,切成小丁;泡红辣椒剁碎;泡姜切成小粒。

③ 净锅置火上,放入植物油烧至六成热,下

入鲫鱼煎炸至呈黄色,捞出沥油。

④ 锅留少许底油,复置火上烧热,加入泡红辣椒、泡姜和醪糟汁炒出香味。

⑤ 倒入肉汤烧沸,放入鲫鱼、泡菜丝和冬笋,用小火(火督)至鱼熟,捞出鲫鱼,放在盘内。

⑥ 把锅内的泡菜丝和味汁烧沸,用水淀粉勾芡,加入米醋推匀,出锅盛在鲫鱼上,再撒上葱花,上桌即成。

★★★ 难度

★ ★ 难度

010 鸡丝豆腐脑

原料 豆浆150克，熟鸡胸肉75克，榨菜、酥黄豆各适量，石膏水少许。

调料 精盐、花椒粉、辣椒油各适量。

制作步骤 method

① 把石膏水置于容器内；榨菜洗净，沥水，去掉老皮，切成小粒；把熟鸡胸肉切成丝。

② 把豆浆放入锅内烧煮至沸，出锅倒在盛有石膏水的容器内，加盖稍闷成豆腐脑。

③ 取出少许加工好的豆腐脑，分放在小碗内，加入精盐、辣椒油、花椒粉、榨菜粒、酥黄豆、熟鸡丝，食用时调拌均匀即成。

011 大千干烧鱼

原料 鲜鲤鱼1条(约750克)，猪肥瘦肉75克，四川芽菜25克。

调料 葱花10克，姜末5克，泡红辣椒15克，精盐、料酒、肉汤、酱油、醪糟汁、香油各适量，植物油750克(约耗100克)。

制作步骤 method

① 将鲜鲫鱼用刀刮掉鱼鳞，去掉内脏和鱼鳃，在鱼身表面每隔1厘米斜剞上一字斜刀，用清水洗净，擦净水分，用少许精盐和料酒抹匀鱼身，放入烧热的油锅内煎炸至两面呈金黄色，捞出沥油。

② 把猪肥瘦肉洗净，剁成黄豆大小的粒；泡

红辣椒去蒂和籽，切成小段；四川芽菜用清水漂洗干净，控净水分，切成小粒。

③ 净锅置火上烧热，加入少许植物油烧至七成热时，放入猪肉末炒至酥。

④ 加上四川芽菜、姜末、泡红辣椒和少许精盐煸炒一下，加入鲤鱼、料酒、肉汤、酱油和醪糟汁，待锅内味汁烧沸后，改用小火干烧至鲤鱼熟并入味，改用旺火收浓汤汁。

⑤ 晃动炒锅使汤汁全部包裹在鲤鱼身上，淋上香油，撒上葱花，出锅装盘，上桌即成。

★★★ 难度

012 雪辣鸭舌

★★★ 难度

原料 ingredients

鸭舌·························· 250克
熟芝麻······················ 少许

调料 condiments

干辣椒段···················· 45克
葱段························· 10克
姜片························· 10克
花椒·························· 5克
精盐······················ 1/2小匙
味精······················ 1/2小匙
白糖······················ 1/2小匙
香油························· 1小匙
料酒························· 2小匙
花椒油······················ 2大匙
植物油···················· 500克

制作步骤 method

① 鸭舌洗净，刮去舌苔膜，放入碗中，加入料酒、姜片、葱段、精盐、味精、花椒拌匀，腌至入味。

② 锅置中火上，加入植物油烧至三成热，先下入干辣椒节炒香，再将鸭舌连同腌料一起倒入。

③ 用小火浸炸，并不断翻炒均匀，约炸10分钟，捞出沥油，放入盘中，加入白糖、香油、辣椒油、熟芝麻拌匀即成。

013 罗江豆鸡

原料 油豆腐皮500克，熟芝麻25克，茶叶10克。

调料 精盐、酱油、白糖、辣椒油、花椒粉、香油、清汤各适量。

制作步骤 method

① 把精盐、酱油、少许白糖、花椒粉、辣椒油和清汤放小碗内调匀成味汁。

② 将油豆腐皮先刷上味汁，再刷上香油，撒上熟芝麻，折叠成长发形的"鸡肉块"。

③ 熏锅置火上，放入浸湿的茶叶、白糖，架上篦子，放上"鸡肉块"。

④ 盖上锅盖，旺火熏3分钟，取出"豆鸡"晾凉，切成条块，装盘上桌即可。

014 五香酱豆干

原料 豆腐1大块（约500克）。

调料 葱段10克，姜片10克，八角3个，陈皮3克，小茴香2克，花椒1克，肉汤750克，精盐、酱油、白糖、植物油各适量。

制作步骤 method

① 豆腐切块，用纱布包裹好；锅中加油烧热，下入葱段、姜片八角、陈皮、小茴香、花椒、精盐、肉汤、酱油和白糖，小火熬煮成酱汁。

② 将包裹好的豆腐放入酱汁锅内，加盖后煮约15分钟，离火，取出纱布包，去掉纱布，晾凉后成"五香酱干"，食用时将"五香腐干"切成条块，码盘上桌即成。

015 花椒鸡丁

原料 鸡肉丁750克，干红辣椒段25克。

调料 葱姜末各5克，花椒25克，精盐1小匙，料酒2大匙，白糖1大匙，糖色少许，肉汤150克，植物油750克（约耗150克）。

制作步骤 method

① 把鸡丁放碗内，加上葱姜末、少许精盐和料酒拌匀，腌渍10分钟，放热油锅中拨散，先用小火炸定型，再改用中火炸干水气，捞出沥油。

② 锅内留油，复置火上烧至四成热，放入干红辣椒段和花椒炸出香味，放入鸡丁略炒，加入肉汤、料酒、糖色、白糖和精盐，用小火炒至汁干亮油时，放入味精炒匀，出锅装盘即成。

016 菜豆腐

原料 小白菜末、大头菜末各250克，猪肉末100克，豆浆200克，石膏水200克。

调料 葱花15克，精盐、辣椒粉、花椒粉各1小匙，豆豉、酱油、料酒、米醋各2大匙，味精少许，植物油3大匙。

制作步骤 method

① 锅置火上，放入豆浆烧至沸，待煮至豆浆熟透时，放入小白菜调匀，加入精盐，淋入石膏水，离火即为菜豆腐，分盛在大碗里。

② 锅中加油烧热，放入猪肉末煸炒，加入葱花、大头菜、豆豉、酱油、料酒、米醋、辣椒粉、花椒粉和味精炒匀，放在菜豆腐上即成。

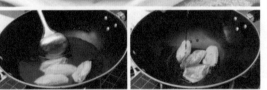

017 贵妃鸡翅

原料 鸡翅700克。

调料 冰糖100克，红酒500克。

制作步骤 method

① 将鸡翅去毛，洗净，放入沸水中焯烫一下，捞出沥水。

② 坐锅点火，加入红酒，先下入鸡翅、冰糖大火烧开，再转小火煨至鸡翅入味、熟透，捞出装盘，即可上桌食用。

018 东坡豆腐

原料 豆腐300克，冬笋块、莴笋块、鲜菇各50克，鸡蛋1个。

调料 精盐1小匙，酱油2小匙，面粉、胡椒粉、味精各少许，鲜汤、水淀粉、植物油各适量。

制作步骤 method

① 鲜菇切块；鸡蛋磕碗内，加上番茄酱、精盐、面粉、胡椒粉、味精搅匀成蕃茄鸡蛋糊。

② 豆腐切块，挂匀蕃茄鸡蛋糊，放入油锅内炸至金黄，捞出剞上2厘米大小的菱形格。

③ 锅内留底油烧热，下入鲜汤、冬笋块、鲜菇块、莴笋块烧沸。加入调料和豆腐烧入味，用水淀粉勾芡，出锅装盘即成。

019 连山回锅肉

★ ★ 难度

原料 ingredients

带皮五花猪肉	500克
锅盔	100克
青辣椒块	25克
红辣椒块	25克
蒜苗段	15克

调料 condiments

郫县豆瓣	1大匙
酱油	适量
白糖	适量
植物油	适量

制作步骤 method

① 带皮五花猪肉洗净，放入清水锅内煮到七成熟，捞出晾凉，切成大薄片。

② 把锅盔切成小块，放入烧至六成热的油锅内炸至酥脆，捞出沥油。

③ 锅留底油烧热，加入猪肉片煸炒至吐油，放入郫县豆瓣、酱油、白糖、青红椒块、蒜苗段炒匀，加入锅盔块翻炒一下，出锅装盘，上桌即成。

020 茄汁豆腐

原料 豆腐蓉300克，猪肉末100克，鸡蛋清1个。

调料 葱末、姜末、蒜末各5克，番茄酱2大匙，精盐、料酒、味精、淀粉各少许，清汤、白糖、白醋、水淀粉、植物油各适量。

制作步骤 method

① 把豆腐蓉放在碗内，加上猪肉末、精盐、料酒、味精、鸡蛋清、淀粉搅匀成豆腐糁。

② 锅中加油烧热，把豆腐糁挤成方形块，放入油锅内炸成金黄色，捞入盘内，摆成两排。

③ 锅留底油烧热，用葱末、姜末和蒜末炒香，放入番茄酱稍炒，加上清汤烧沸，放入白糖、白醋，勾芡，出锅淋在豆腐块上即成。

021 辣子鸡翅

原料 鸡翅400克，红干椒50克。

调料 葱花10克，姜丝5克，花椒10粒，精盐、鸡精、味精、白糖各1小匙，陈醋1/2小匙，植物油600克(约耗50克)。

制作步骤 method

① 鸡翅洗净，剁成小块，先下入沸水中焯烫一下，捞出沥干，再放入热油中炸至熟透，捞出沥油。

② 锅中留少许底油烧热，先下入红干椒、花椒、葱花、姜丝炒出香味，再放入鸡翅块翻炒均匀，然后加入精盐、味精、鸡精、白糖炒至入味，再淋入陈醋炒匀，即可出锅装盘。

022 石宝蒸豆腐

原料 豆腐400克，豌豆100克，米粉适量。

调料 葱末、姜末、花椒、辣椒、鸡汤、精盐、红糖、植物油各适量。

制作步骤 method

① 把豆腐切成长8厘米、宽5厘米的长方块，放入烧热的油锅内炸成金黄色，捞出，沥油。

② 把炸好的豆腐块放入热锅中，加上葱末、姜末、花椒、辣椒、鸡汤、精盐和红糖烧沸，转小火烧至收汁。

③ 待汁干后捞出豆腐块，放在盆中，加上米粉拌匀，再以煮熟的豌豆垫底，装入蒸碗成一封书形式，用旺火蒸熟，取出，翻扣入盘即成。

023 麻辣汉阳鸡

原料 汉阳鸡块1500克，熟芝麻25克。

调料 葱末15克，葱段、姜片各10克，花椒末5克，精盐1小匙，白醋2小匙，酱油、味精、白糖、香油、辣椒油各适量。

制作步骤 method

① 锅置火上，放入清水、葱段、姜片、精盐烧热，放入汉阳鸡块煮制，待把汉阳鸡煮至刚熟时，端锅离火，把鸡浸泡在汤内，晾凉后取出。

② 花椒末加上葱末、酱油、白糖、味精、香油和辣椒油拌匀成麻辣味汁。

③ 汉阳鸡块码放在盘内，淋上麻辣味汁，撒上熟芝麻，上桌即成。

024 酸辣豆花

原料 黄豆250克，酥黄豆50克，石膏水少许。

调料 葱花、姜汁、蒜蓉、酱油、米醋、味精、辣椒油、花椒油各适量。

制作步骤 method

① 黄豆洗净，放入清水中浸泡5小时，捞出，加上少许清水，研磨成豆浆。

② 把豆浆放入锅内煮至沸，加入石膏水并不断搅拌，使其凝成豆花，用微火烧沸煮熟即成豆花。

③ 轻轻取出豆花，装入碗内，上面放入姜汁、蒜蓉、酱油、米醋、味精、辣椒油、花椒油，最后撒上葱花和酥黄豆即可。

025 伤心凉粉

原料 凉粉500克，香葱段25克。

调料 豆豉1大匙，葱花、蒜蓉、米醋、酱油、花椒粉、味精、辣椒油、植物油各适量。

制作步骤 method

① 将凉粉放入沸水中焯烫一下，捞出，放在冷水中浸泡20分钟，沥干水分；豆豉放入烧热的油锅内煸炒出香味，出锅成油豆豉。

② 把油豆豉、葱花、蒜蓉、米醋、酱油、花椒粉、味精、辣椒油放小碗内调匀成味汁。

③ 将凉粉放在盘内，淋上调好的味汁，撒上香葱段，食用时拌匀即成。

026 蒸香辣豆腐

原料 豆腐1块，泡红辣椒20克，香菜25克。

调料 姜末、蒜末、葱花、桂皮、香叶、精盐、鸡精、白糖、米醋、蚝油、香油各适量。

制作步骤 method

① 桂皮剁成小块，用沸水泡成桂皮水；香叶切碎；泡红辣椒去蒂，切碎；香菜洗净，切碎。

② 碗中加入泡红辣椒碎、姜末、桂皮水、香叶、精盐、蚝油、白糖、米醋、蒜末、鸡精、香菜末，顺一方向搅拌成味汁。

③ 豆腐洗净，切成片，放碗中，浇上味汁，上屉蒸10分钟，出锅后撒入葱花，淋入香油即可。

027 椒麻鸡片

原料 净仔鸡1只（约1000克）。

调料 葱段25克，姜块15克，花椒10克，大葱叶50克，精盐1小匙，料酒、酱油各1大匙，味精少许，香油2小匙。

制作步骤 method

① 将净仔鸡在鸡颈处划一刀，取出喉管和鸡嗉，在肛门处开一3厘米长的小口，挖出内脏，然后斩去鸡爪，敲断大腿骨，用水洗净鸡腹内的血污，沥干水分。

② 炒锅置旺火上，放入葱段、姜块、料酒和清水烧沸，放入加工好的仔鸡，再沸后撇去表

面浮沫，转小火煮约30分钟至鸡熟。

③ 捞出仔鸡，放入冷水中漂凉，取出后擦净水分，取鸡腿肉和鸡胸肉，改刀片成4厘米长、1.5厘米宽的片，整齐地码放在盘内成"风车型"。

④ 将花椒去籽，与大葱叶和精盐一起放在案板上，用刀剁成极细的葱椒蓉，盛放在碗内，加上酱油、味精、芝麻油和少许煮鸡的汤汁调匀成椒麻味汁，淋在鸡片上即成。

★★ 难度

029 铺盖鸡

原料 鸡胸肉400克，嫩莴笋150克，熟芝麻15克。

调料 姜汁5克，蒜蓉10克，精盐1小匙，料酒、米醋、白糖各1/2大匙，淀粉150克，红酱油、芝麻酱、花椒粉、花椒油、红油辣子、味精、香油各适量。

制作步骤 method

① 鸡胸肉去掉筋膜，片成薄而匀的大片，加上精盐和料酒拌匀码味。

② 再逐片把鸡肉片两面滚匀淀粉，放在案板上，用刀背（或木棍）捶打成半透明的"玻璃鸡片"。

③ 嫩莴笋去根和外皮，切成薄片，放入沸水

028 大千姜片鸡块

原料 公鸡肉400克，尖椒块50克。

调料 姜片30克，干红辣椒段10克，葱花5克，花椒1克，精盐、胡椒粉、味精各少许，酱油、米醋、鲜汤、水淀粉、熟猪油各适量。

制作步骤 method

① 将公鸡肉洗净，放入清水锅内煮至熟嫩，捞出过凉，剁成4厘米大小的方块。

② 锅中加油烧热，下入辣椒段、花椒、姜片煸炒出香味，放入鸡块，旺火爆炒片刻，加入精盐、酱油、鲜汤、胡椒烧至入味。

③ 放入尖椒块、葱花、味精调匀，用水淀粉勾芡，淋入米醋，出锅装盘即成。

锅内焯烫至熟，捞出过凉，沥净水分，放在盘内垫底。

④ 把红酱油、姜汁、蒜蓉、米醋、白糖、芝麻酱、花椒粉、花椒油、红油辣子、味精和香油放在碗内调匀成味汁。

⑤ 净锅置火上，放入清水烧至微沸，把'玻璃鸡片'逐片放入水锅中汆烫至熟。

⑥ 捞出鸡肉片，再放入冷水中过凉，捞出沥水，盖在莴笋片上，浇上味汁，撒上熟芝麻，上桌即成。

★★★ 难度

030 水煮烧白

★★★ 难度

原料 ingredients

带皮猪五花肉········· 500克
冬菜末··············· 75克

调料 condiments

花椒················· 适量
姜米················· 适量
蒜米················· 适量
辣椒粉··············· 适量
豆豉················· 适量
炸红辣椒············· 适量
花椒粉··············· 适量
料酒················· 适量
酱油················· 适量
米醋················· 适量
豆瓣················· 适量
鲜汤················· 适量
胡椒粉··············· 适量
味精················· 适量
料酒················· 适量
水淀粉··············· 适量
植物油··············· 适量

制作步骤 method

① 带皮猪五花肉放入沸水锅内煮至六成熟，捞出擦净水分，趁热把酱油抹在肉皮上。

② 把五花肉放入油锅内炸至肉皮呈棕红色，捞出，放入沸水中略煮，再切成薄片，码放在碗内。

③ 把花椒、姜米、料酒、酱油、米醋放在蒸碗的肉片上，再装入冬菜末，入笼用旺火蒸软，取出，去掉冬菜，沥去汤汁，翻扣在窝盘内。

④ 炒锅加植物油烧热，下入豆瓣、姜米、辣椒粉和豆豉炒出香辣味。

⑤ 放入鲜汤、胡椒粉、味精、料酒煮出香味，去掉料渣，用水淀粉勾芡，出锅浇在烧白上，再撒上蒜米、炸红辣椒、花椒粉即成。

031 红油鸡片

★ ★ 难度

原料 鸡肉片1250克，熟芝麻25克。

调料 葱段、姜块各15克，葱花、蒜粒各10克，甜酱油、料酒各1大匙，精盐、酱油、白糖、味精、辣椒油、香油各适量。

制作步骤 method

① 净锅置火上，放入清水、葱段、姜块、料酒烧沸，放入焯烫好的鸡肉片，用中火煮熟，捞出鸡片，盛在盘内。

② 取小碗1个，放入葱花、蒜粒、精盐、酱油、白糖、味精、辣椒油和香油调匀成红油味汁，淋在鸡片，撒上熟芝麻，食用时拌匀即成。

032 大蒜烧鸡胗

★★★ 难度

原料 鸡胗片350克，青蒜苗段30克，泡辣椒10克，大蒜2头。

调料 葱花10克，精盐1小匙，味精1/2大匙，白糖2小匙，料酒、水淀粉各1大匙，老汤、植物油各适量。

制作步骤 method

① 鸡胗片，加入少许料酒拌匀，放入热油锅中滑散、滑透，捞出沥油。

② 锅中加油烧热，下入大蒜瓣，烹入料酒，放入泡辣椒和葱花，继续翻炒至出香味。

③ 再加入剩余原调料烧至入味，撒上青蒜苗段，勾芡，出锅装盘即成。

033 南山口水鸡

原料 净仔鸡1只(约1000克)，熟芝麻25克。

调料 蒜蓉25克，精盐2小匙，葱段、姜片、八角、花椒、胡椒、蒜泥、味精、白糖、花生酱、料酒、酱油、陈醋、花椒油、辣椒油各适量。

制作步骤 method

① 仔鸡放入沸水锅内焯烫，捞出沥水，加入八角、花椒、姜片、葱段、胡椒拌匀，再加入料酒、精盐及适量清水拌匀，腌渍入味。

② 仔鸡上屉蒸熟，取出剁成条，加入花生酱、白糖稍拌，再加入辣椒油、蒜蓉、酱油、味精、陈醋、花椒油拌匀，撒上熟芝麻，上桌即可。

034 鸡火丝饵块

原料 熟鸡丝250克，饵块100克，熟火腿25克，菜心适量。

调料 精盐1小匙，清汤750克，胡椒粉少许，辣椒油2小匙。

制作步骤 method

① 把菜心洗净，放入沸水锅内焯水，捞出过凉；饵块切成小条：熟火腿切成丝。

② 净锅置火上，放入清汤烧至沸，放入菜心稍煮片刻，再放入饵块调匀，加入熟鸡肉丝、熟火腿丝，放入精盐、胡椒粉、辣椒油调好口味，出锅装碗即成。

035 火爆乳鸽

原料 乳鸽3只，蒜苗段25克，干辣椒段10克。

调料 花椒5粒，精盐、味精、淀粉、酱油、料酒各少许，辣椒油、豆瓣酱各1大匙，植物油适量。

制作步骤 method

① 乳鸽洗净，剁块，加入精盐、酱油、料酒拌匀，腌渍15分钟，再加入淀粉拌匀，放入烧热的油锅内炸至熟脆，捞出沥油。

② 净锅复置火上，加入辣椒油烧热，下入干红辣椒段和花椒炒出香味，放入乳鸽块翻炒，加上精盐、酱油、料酒、豆瓣酱和味精炒匀，撒上蒜苗段，快速翻炒均匀，出锅装盘即成。

036 姜汁热窝鸡

原料 净仔鸡1只。

调料 姜末10克，葱花5克，精盐1/2小匙，味精、米醋各1小匙，酱油2小匙，水淀粉4小匙，鲜汤250克，植物油2大匙。

制作步骤 method

① 净仔鸡洗净，放入汤锅中煮至熟嫩，捞出晾凉，去掉背骨、腿骨，再切成3厘米见方的块。

② 锅置火上，加入植物油烧至八成热，下入姜末煸炒，再放入鸡块，加入鲜汤烧沸。

③ 然后加入精盐、酱油、味精，转小火烧5分钟，用水淀粉勾芡，淋入米醋，撒上葱花，装盘即成。

037 坛子肉

原料 ingredients

猪肘肉·················· 500克

净仔鸡肉·············· 250克

净墨鱼·················· 150克

水发海参·············· 150克

水发鱼翅·············· 150克

干贝···················· 25克

冬笋···················· 适量

口蘑···················· 适量

海米···················· 适量

火腿肉·················· 适量

调料 condiments

料包1个（姜块50克，大葱75克，花椒5克，八角15克）

精盐···················· 2小匙

酱油···················· 2大匙

料酒···················· 4大匙

糖色···················· 1大匙

植物油·················· 500克

制作步骤 method

① 猪肘肉切成4厘米大小的块；净仔鸡肉剁成块；墨鱼去除杂质和鱼骨，切成大块。

② 水发海参去掉杂质，切成长条，与水发鱼翅分别用纱布包好；海米、干贝和口蘑分别用温水浸泡5分钟，去净杂质和泥沙，也用纱布包裹好；火腿肉、冬笋切成大片。

③ 将猪肘肉块、鸡肉块放入清水锅内汆烫一下，捞出洗净，放入小坛内，加上海米干贝包、调料包、墨鱼块、火腿、冬笋、沸水和调料，用荷叶将坛口封闭。

④ 将坛子置于炭火上，用小火烧煨约3小时，撕去坛口荷叶，加入鱼翅、水发海参，再次封口后，用炭火再煨30分钟，离火去掉包裹海参、鱼翅以及干贝的纱布，码好后再用炭火烧煨片刻，离火，直接上桌即成。

038 瓦块鸡

原料 净母鸡1只（约1250克）。

调料 姜片、葱段各10克，花椒3克，泡红辣椒5克，精盐2小匙，料酒1大匙，鲜汤、冰糖、植物油各适量。

制作步骤 method

① 母鸡用精盐、料酒抹遍全身，放容器内，加上姜片、葱段、花椒拌匀，腌渍20分钟，下入热油锅中炸呈金黄色，捞出沥油。

② 锅内留油烧热，下入葱段、姜片炒香，加入精盐、料酒和泡红辣椒炒匀，出锅放入鸡腹内。

③ 瓷瓦块放入罐内，放入母鸡，加入鲜汤、冰糖、精盐烧沸，小火烧至熟烂，取出即可。

039 蒜泥白肉

原料 猪腿肉块750克，蒜蓉75克。

调料 葱段15克，姜块15克，精盐1小匙，酱油1大匙，味精少许，辣椒油1/2大匙。

制作步骤 method

① 锅置火上，放入清水、葱段、姜块和猪腿肉块，烧沸后用中小火煮至肉块皮软且近断生。

② 停火后把肉块在原汁内浸泡20分钟至熟香，捞出浸泡的肉块，擦干表面的水分。

③ 把猪肉块片成片；零碎的肉片先放在盘内垫底，整齐的肉片卷成小卷，码放在上面。

④ 大蒜蓉加上精盐拌匀，再放入酱油、辣椒油和味精拌匀成味汁，浇在猪肉片上，上桌即可。

040 龙穿凤翅

原料 仔鸡1只（约1000克），胡萝卜球、白萝卜球、莴笋球各200克。

调料 葱段25克，精盐2小匙，料酒2大匙，鸡汤500克，味精、胡椒粉、水淀粉各适量。

制作步骤 method

① 仔鸡加上葱段、精盐和料酒拌匀、码味，放在大碗里，加入鸡汤，盖上碗盖，上屉蒸熟，取出剁块，盛放在大盘内。

② 净锅置火上烧热，滗入蒸仔鸡的汤汁，放入胡萝卜球、白萝卜球和莴笋球烧熟，放入少许精盐、味精和胡椒粉调味，勾芡，出锅摆在仔鸡上即成。

041 原笼玉簪

原料 排骨段500克，红薯块200克，炒米粉100克。

调料 花椒3克，葱叶15克，精盐1/2小匙，酱油、甜面酱、醪糟汁、郫县豆瓣各1大匙，植物油1/2大匙。

制作步骤 method

① 把花椒和葱叶加上酱油、精盐、甜面酱、醪糟汁、郫县豆瓣调匀，加入排骨段调匀，再放入一半的炒米粉和油拌匀，腌渍10分钟。

② 红薯块加上剩余的炒米粉拌匀，放入小格蒸笼内，排骨条铺在红薯块上，盖上蒸笼盖，放入大蒸锅内，用沸水旺火蒸熟，上桌即可。

042 烧鸡公火锅

原料 净公鸡块600克，猪瘦肉片、红肠片、牛环喉段、冬瓜片、土豆片、空心菜、青蒜苗各适量。

调料 料包1个（八角、白芷、草果、枳壳、丁香各少许），泡辣椒、姜片、花椒、胡椒粉、精盐、味精、酱油、植物油、熟鸡油、鲜汤各适量。

制作步骤 method

① 鸡块放入高压锅内，加入适量的清水，再放入香料包和剩余原料，加盖上汽后，加上高压阀压15分钟，离火冷却，倒入火锅中。

② 把剩余原料分别装入盘内，围放在火锅的四周烧沸。

043 麻辣土豆鸡

原料 净仔鸡1/2只，土豆块200克，辣椒段25克。

调料 红干椒段40克，姜末、蒜末、花椒粒、精盐、香油各少许，鸡精、白醋、水淀粉各1小匙，酱油2大匙，白糖、蚝油各1大匙，植物油适量。

制作步骤 method

① 仔鸡剁块，用酱油、精盐、香油、白糖、鸡精、白醋、清水拌匀，然后下入热油锅中炸至金黄色，捞出沥油。

② 锅中留底油，先下入姜、蒜、花椒、辣椒、干椒炒香，再放入鸡块、土豆、酱油、蚝油、清水煮沸，炖煮5分钟，然后勾芡即可。

044 鱼香八块鸡

★★★ 难度

原料 净仔鸡块750克，鸡蛋清2个。

调料 姜末、蒜米、葱花各少许，泡红椒段15克，精盐、淀粉、味精、白糖、米醋、胡椒粉、高汤、水淀粉、植物油各适量。

制作步骤 method

① 鸡块加上少许精盐、鸡蛋清和淀粉拌匀，腌渍入味；把精盐、味精、白糖、米醋、胡椒粉、高汤、水淀粉放小碗内调成鱼香味汁。

② 锅中加油烧热，下入鸡块炸至金黄色，捞出，沥油；锅留底油烧热，下入泡红椒段、姜末、蒜米、葱花炒香出色，烹入鱼香味汁烧至沸，倒入鸡块，快速炒匀，出锅装盘即成。

045 干巴牛肉

原料 牛肉1500克。

调料 姜片、八角、精盐、酱油、白糖、咖喱粉、辣椒粉、花椒粉、清汤、植物油各适量。

制作步骤 method

① 把牛肉洗净，放入冷水锅内，先用旺火烧煮至沸，撇去浮沫，转小火煮10分钟，捞出晾凉，顺牛肉丝纹路切成大片。

② 锅置火上，放入植物油烧至七成热，下入姜片、八角炝锅出香味。

③ 放入精盐、酱油、白糖、咖喱粉、辣椒粉、花椒粉和清汤熬煮至浓稠。

④ 放入牛肉片，待味汁把牛肉片裹匀后，再用锅铲慢慢炒匀，小火收干汤汁。

⑤ 出锅晾凉，再自然风干（也可把牛肉放烤箱内烘烤10分钟），食用时再把风干的牛肉片放入油锅内炸至酥香即成。

★★ 难度

★★★ 难度

046 包烧鸡

原料 净仔鸡1只（约重750克），猪肉丝150克，芽菜段100克。

调料 葱姜末各10克，花椒粉2克，泡红辣椒丝10克，精盐1小匙，料酒、酱油、淀粉、香油各1大匙，白糖1/2大匙，熟猪油50克。

制作步骤 method

① 葱姜末、花椒粉、精盐、料酒、酱油和白糖放碗里调匀，涂抹在净仔鸡内外，腌渍入味。

② 净锅加油烧热，加入猪肉丝炒散，放入芽菜段、泡辣椒丝煸炒至熟成馅料，填入鸡腹内；仔鸡架在木炭烤池上翻烤至熟，离火取出，刷上香油，剁成块，码放在盘内，上桌即成。

047 自贡冷吃兔

原料 兔肉500克，干红辣椒段50克。

调料 八角、花椒各10克，大葱段25克，老姜片少许，精盐、料酒、酱油、味精、植物油各适量。

制作步骤 method

① 兔肉用淡盐水浸泡并洗净血污，捞出沥净水分，剁成大小均匀的小块。

② 把兔肉块放大碗内，加上少许精盐、料酒、酱油、味精拌匀，腌渍10分钟。

③ 净锅置火上，放入清水烧煮至沸，倒入兔肉块汆烫至变色，捞出沥水。

④ 净锅置火上，放入植物油烧至八成热，加入八角、花椒炝锅出香味，放入大葱段稍炒，迅速捞出大葱段。

⑤ 再放入兔肉块，加上老姜片和少许精盐，继续翻动炒匀，待锅内的水分快要炒干时。

⑥ 加入酱油炒到兔肉变成棕黄色，加入干红辣椒段并经常翻动，使辣椒的颜色变得油亮暗红，撒上味精，出锅装盘即成。

★★ 难度

048 乐至烤肉

★★★ 难度

原料 ingredients

猪扁担肉··· 1块（约400克）

熟芝麻·····················25克

鸡蛋·······················1个

调料 condiments

葱花·······················15克

辣椒粉·····················10克

姜汁·······················1小匙

酱油·······················适量

精盐·······················适量

料酒·······················适量

白糖·······················适量

胡椒粉·····················适量

香油·······················适量

制作步骤 method

① 把猪扁担肉剔净筋膜，片成厚1厘米的大片，放案板上，用刀背轻轻拍松软，再切成小块。

② 葱花放碗内，加上鸡蛋、酱油、辣椒粉、精盐、料酒、白糖、姜汁、胡椒粉和香油调拌均匀成味汁，放入猪肉块腌渍45分钟，用竹签串成串。

③ 将烤炉预热5分钟，放入烤肉串烘烤约5分钟至熟香，撒上熟芝麻，刷上少许香油稍烤，取出肉串，码放在盘内，上桌即成。

049 灯笼鸡

原料 净仔鸡1只（约重750克），鲜红辣椒末150克。

调料 葱段、姜片各15克，精盐、花椒粉各1小匙，料酒2大匙，植物油适量。

制作步骤 method

① 净仔鸡盘成灯笼形，加上葱段、姜片、精盐、料酒调匀，腌渍入味。

② 锅中加油烧热，放入仔鸡炸至紧皮，取出沥油，仔鸡放容器内，抹上辣椒碎末，上笼旺火蒸至熟软，取出蒸好的仔鸡，放在大盘内。

③ 把蒸鸡原汁放入锅内烧沸，加上精盐、花椒粉调匀，用水淀粉勾芡，出锅淋在仔鸡上即成。

050 北渡鱼火锅

原料 北渡鱼1条，嫩豆腐块500克，黄豆芽200克，净毛肚、各150克。

调料 姜末、蒜瓣各25克，葱白段100克，香辣酱、豆瓣酱各2大匙，花椒、精盐、白酒、料酒、味精、植物油、水淀粉各适量。

制作步骤 method

① 北渡鱼取肉，切块，加入精盐、白酒、淀粉码匀，把鱼头砍成4大块；黄豆芽放入火锅内。

② 锅中加油烧热，加入蒜瓣、花椒、姜末、香辣酱、豆瓣酱炒出香味并色泽红亮时。

③ 加入鱼头、料酒和清水烧沸，再加入精盐、味精、鱼块、豆腐等煮好，出锅倒在火锅内即可。

051 豆瓣鲜鱼

原料 鲤鱼1条（约750克）。

调料 葱花10克，姜末、蒜片各5克，郫县豆瓣、料酒各2大匙，精盐1小匙，酱油1大匙，白糖、米醋、水淀粉各1/2大匙，植物油750克。

制作步骤 method

① 鲤鱼洗净，抹上少许料酒和精盐，下入热油锅中稍炸至色泽黄亮，捞出沥油。

② 原锅留油烧热，放入郫县豆瓣、姜末和蒜片炒香，放入鲤鱼，加上料酒、精盐、酱油、白糖，待把鲤鱼烧熟，捞出装盘。

③ 把烧鲤鱼的原汁加入米醋调匀，勾芡，撒上葱花，出锅淋在烧好的鲤鱼上即成。

052 红焖香辣鸡块

★★★ 难度

原料 鸡肉块350克，大白菜叶200克。

调料 葱段10克，姜片8克，干辣椒节5个，精盐、味精、料酒各2小匙，鸡精、胡椒粉、郫县豆瓣酱各1大匙，植物油100克。

制作步骤 method

① 锅中加油烧热，先下入姜片、葱段和干椒节炸香，再放入豆瓣酱炒香出色。

② 然后放入鸡肉块煸炒至水分收干，烹入料酒，加入适量清水烧沸，撇去浮沫。

③ 转中火炖至鸡块八分熟时，放入大白菜叶，加入精盐、味精、鸡精、胡椒粉焖至鸡肉块软烂入味，盛入汤碗中即可。

★★★ 难度

★★★ 难度

053 酸菜鱼

原料 鲜鱼1条，泡青菜条250克，鸡蛋清2个。

调料 蒜瓣25克，姜片15克，花椒粒3克，泡红辣椒碎、精盐、料酒、味精、淀粉、胡椒粉、味精、鲜汤、植物油各适量。

制作步骤 method

① 鱼肉片成片，加上少许精盐、料酒、味精拌匀，再加上鸡蛋清和淀粉拌匀。

② 锅中加油烧热，放上蒜瓣、姜片、花椒粒爆香，再下入泡青菜条煸炒，倒入鲜汤烧煮至沸，下入鱼肉烧沸。

③ 烹入料酒，放入精盐、胡椒粉、泡辣椒碎调味，放入味精，出锅倒入汤碗内，上桌即成。

054 麻辣鸡腿

原料 鸡腿750克。

调料 葱花15克，姜片5克，蒜末10克，花椒粒20克，精盐2小匙，味精、鸡精各1大匙，酱油、白糖各1小匙，豆瓣酱150克，鲜汤300克，植物油2大匙。

制作步骤 method

① 坐锅中加油烧热，先下入豆瓣酱、葱花、姜片、蒜末、花椒炒香，再添入鲜汤，加入精盐、味精、鸡精、酱油、白糖煮匀。

② 然后下入鸡腿，旺火烧开后转小火煨烧20分钟，待汤汁浓稠、鸡腿熟透时，再用旺火收汁，即可出锅装盘。

055 鲊海椒肉片

★ ★ 难度

原料 ingredients

带皮五花猪肉………… 1块
海椒………………… 150克

调料 condiments

葱段………………… 20克
姜片………………… 15克
八角………………… 3个
精盐………………… 少许
米醋………………… 少许
花椒粉……………… 少许
料酒………………… 2大匙
酱油………………… 1大匙
植物油……………… 1000克

制作步骤 method

① 把带皮五花猪肉用叉子穿上，置于炭火上稍烤片刻，退叉，把肉块放清水中浸泡并刮洗干净。

② 净锅置火上，放入清水、葱段、姜片、八角、料酒和猪肉块，烧沸后用小火煮至肉熟，取出，用纱布搌干肉皮上的水分，涂抹上酱油。

③ 锅置火上烧热，放入植物油烧至八成热，把肉块迅速放入油锅内炸至呈黄色时，取出，放入汤锅内浸泡至肉皮皱时，捞起，切成大片。

④ 锅留底油烧热，下入海椒和肉片煸炒，加料酒、酱油、精盐、米醋、胡椒粉炒匀，出锅即成。

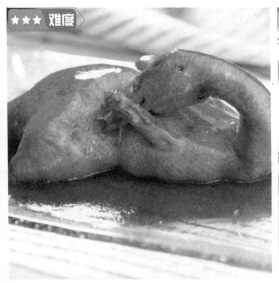

056 软烧鸭子

原料 净鸭1只，冬菜粒100克。

调料 泡辣椒、葱末、姜末、精盐、豆豉、五香粉、饴糖水卤水各适量。

制作步骤 method

① 把冬菜粒加上泡辣椒、葱末、姜末、精盐、豆豉、五香粉调拌均匀成馅料。

② 净鸭酿入调制好的馅料，再用竹签锁住开口，在鸭子表面涂抹上饴糖水，再把鸭子放入烤箱内烘烤10分钟。

③ 取出鸭子，倒出之前酿入的馅料，码放在盘内，浇上少许卤水，上桌即成。

057 二黄汤鱼

原料 鱼肉750克，水发香菇25克，鸡蛋清1个。

调料 葱花15克，泡辣椒、泡姜、花椒、精盐、料酒、味精、鲜汤、胡椒粉、淀粉，植物油各适量。

制作步骤 method

① 把鱼片成片，加上少许精盐、料酒、味精拌匀，再放入鸡蛋清和淀粉拌匀；水发香菇切片。

② 锅中加油烧热，下入泡辣椒、泡姜、花椒炒出香辣味，加入鲜汤烧煮至沸，转小火煮5分钟，放入香菇片、玉兰片略煮。

③ 鱼片入锅，加上精盐、味精、胡椒粉烧沸并煮熟，出锅倒入汤盆，撒上葱花，上桌即成。

058 红油耳丝

原料 猪耳朵1个（约500克），大葱25克。

调料 葱丝25克，姜片10克，葱段10克，精盐1小匙，料酒1大匙，酱油、白糖、米醋、辣椒油（红油）各1/2大匙，花椒粉、味精各少许。

制作步骤 method

① 猪耳朵放入锅内，加上姜片、葱段和料酒煮熟，捞出，把猪耳朵切成细丝，放在大碗里。

② 将大葱切成丝，放入盛有耳丝的大碗里；把精盐、酱油、白糖、米醋、味精、辣椒油和花椒粉放小碗里调匀成味汁，倒在耳丝和葱丝上调拌均匀，装盘上桌即可。

059 豆腐鲫鱼

原料 鲜活鲫鱼3尾，豆腐片400克。

调料 精盐1小匙，酱油4小匙，醪糟汁2大匙，味精1小匙，甜酱2小匙，姜、蒜末各10克，水淀粉5小匙，葱花20克，鲜汤700克，豆瓣30克，植物油125克。

制作步骤 method

① 锅中加油烧热，放入鲫鱼煎炸两面呈黄色，起锅放入盘内；锅内留油放入豆瓣炒香，再加姜蒜末、鲜汤、酱油、甜酱，再放入鱼。

② 豆腐放入锅内烧至入味，将鱼摆放盘内；锅内再淋入水淀粉勾芡，放入葱花，浇在鱼身周围即成。

060 烟熏排骨

原料 猪肋排段750克，柏树枝适量。

调料 骨头汤750克，料酒2大匙，精盐、白糖各2小匙，五香调料包1个，植物油1000克。

制作步骤 method

① 净锅置火上，放入骨头汤、料酒、盐、白糖和五香调料包煮至沸，放入猪排骨，用小火将排骨煮至熟，捞出控净水分。

② 熏锅置火上，放入点燃的柏树枝，加上箅子，放上排骨块直接熏5分钟。

③ 待排骨块带有浓郁清香味时，取出排骨，晾凉，装盘上桌即成。

061 红烧帽结子

原料 净猪小肠500克。

调料 葱段、姜片各15克，精盐、酱油、料酒、胡椒粉、冰糖、味精、植物油各适量。

制作步骤 method

① 净锅置火上，放入适量清水烧沸，倒入猪小肠焯烫一下，取出小肠，再用清水洗净，沥水，每根挽结，再切成小段。

② 锅中加油烧热，下入冰糖炒至溶化呈红色，放入猪肠煸炒至上色。

③ 倒入鲜汤烧煮至沸，加上葱段、姜片、精盐、酱油、料酒和胡椒粉，烧至猪肠熟耙，加入味精，用旺火收浓汤汁，出锅装盘即成。

062 龙眼牛头

原料 牛头皮肉条750克，去皮熟鹌鹑蛋10个，猪肉块、鸡翅各适量。

调料 葱段、姜块各30克，花椒3克，干辣椒5克，料酒2大匙，精盐、酱油、糖色、熟猪油、肉汤、味精、胡椒粉、熟鸡油各适量。

制作步骤 method

① 牛肉条放入清水锅内，加上葱段、姜块、花椒和料酒煮30分钟，捞出用纱布包好。

② 取砂锅1个，放入所有原、调料，倒入肉汤淹过原料，把砂锅置火上，烧煨至烂熟，取出牛头包，放在大碗内，将猪肉块和鸡翅盖在上面，翻扣在大盘内，摆放在牛头四周。

063 干烧岩鲤

原料 岩鲤鱼1条（约750克），猪肥膘肉75克。

调料 姜片10克，蒜瓣20克，泡红辣椒15克，豆瓣、料酒各1大匙，肉汤250克，精盐1小匙，醪糟汁、白糖、米醋、味精各适量，植物油750克（约耗75克）。

制作步骤 method

① 将岩鲤鱼去掉鱼鳞、鱼鳃和内脏，用清水洗净，控净水分，在鱼身两侧各斜剞上几刀。

② 把岩鲤加上少许精盐和料酒抹匀，腌渍；猪肥膘肉切成1厘米大小的丁；泡红辣椒、郫县豆瓣剁细。

③ 炒锅置旺火上烧热，放入植物油烧至七成

热，放入岩鲤鱼炸至皮稍现皱纹时，捞起沥油。

④ 把锅内余油滗出，放入猪肥膘肉丁，中小火煸炒至酥香，出锅。

⑤ 净锅置火上，放入少许植物油烧至四成热，加入泡红辣椒和豆瓣煸出香味，加入肉汤、姜片、蒜瓣、精盐、醪糟汁和白糖煮至沸，捞出杂质不用。

⑥ 放入岩鲤鱼和肥肉丁，小火烧至鱼熟入味时，加上米醋和味精，改用旺火收汁，待至亮油不见汁时，出锅盛在鱼盘内，上桌即成。

★★★ 难度

图书在版编目（CIP）数据

鲜咸香辣下饭菜/夏金龙主编 .-- 长春：吉林科
学技术出版社，2013.3（2022.6 重印）
ISBN 978-7-5384-6553-2

Ⅰ.①鲜… Ⅱ.①夏… Ⅲ.①家常菜肴—菜谱 Ⅳ.
① TS972.12

中国版本图书馆 CIP 数据核字（2013）第 037196 号

鲜咸香辣

下饭菜

XIAN-XIAN-XIANG-LA XIAFANCAI

主　　编　夏金龙
出 版 人　宛　霞
选题策划　郝沛龙
责任编辑　黄　达
封面设计　冬　凡
制　　版　长春创意广告图文制作有限责任公司
开　　本　710 mm×1000 mm　1/16
字　　数　200 千字
印　　张　12
版　　次　2013 年 6 月第 1 版
印　　次　2022 年 6 月第 2 次印刷

出　　版　吉林科学技术出版社
发　　行　吉林科学技术出版社
地　　址　长春市福祉大路 5788 号出版大厦 A 座
邮　　编　130118
发行部电话/传真　0431-81629529　81629530　81629531
　　　　　　　　　　81629532　81629533　81629534
储运部电话　0431-86059116
编辑部电话　0431-81629516
印　　刷　三河市华成印务有限公司

书　　号　ISBN 978-7-5384-6553-2
定　　价　45.00 元